吳建勳教你不生病

——仁醫妙手の小撇步

中醫養生專家 吳建勳◎著

文經社

前言　最簡單易做的中醫養生知識

當身體突然感到不舒服的時候，您可以做什麼？不方便就醫時，您可以做什麼？如何消除每天的疲勞？生理期不舒服時，身為女性的妳該怎麼辦？相信大多數的人都是知道的不深入，或僅止於一知半解。

作者將多年來的中醫祛病養生經驗極簡化，讓所有的大眾或甚至於小學生，都能用這些老祖宗的智慧，將大病化小，小病化無。

書中每一篇內容大致上都言簡意賅、易懂易做，其用意是為了讓忙碌慵懶的現代人，不管是上班族或青少年，即使再沒有時間，也可利用短暫幾分鐘的空閒時間，從本書中獲得一些健康的訊息，以及自我調整的知識和動作，來快速減輕各種病痛與不適。

舉例來說，當你因壓力或長時間久坐不動或久站，引起肩膀僵硬，難過不已，這時不妨多吃魚類與貝類，如鮭魚、干貝、蛤蜊等食物，促進血液循環，並多做伸展運動，如打哈欠的「伸懶腰」動作，一方面能吸收更多的氧氣，一方面能鬆開緊繃的脊椎，達到消除疲勞的效果。

透過這些中醫傳統自然療法，不但能幫助自己，也可輕鬆地幫助您的家人和朋友，讓每一個人可以活得更健康、活得更舒服！

自序

保持健康的生活之道

每當我早上一醒過來時，在還沒睜開眼睛之前，就會先用雙掌以圓圈方式按摩兩邊眼睛的周圍及耳輪各三十六圈，然後再起床。如此一來，就可明目開竅，使全身的系統從沉睡、潮濕、遲緩的情境中甦醒過來，不至於扭到腰，或突然著涼而感冒。

接著，才去刷牙洗臉，然後喝一杯的溫開水來暖和腹部，並促進腸胃安全的蠕動與排便去毒。因為前一天我們可能吃了很多不該吃的食物，而胃這個器官特別喜歡溫暖的環境才會運作正常，倘若一早就喝冰開水或冰飲料，身體的吸收力及免疫力就會日漸衰弱。然後早餐時盡可能細咀慢嚥，使口中充滿唾液再吞下，因為自己分泌的酵素最能幫助吸收與抗癌。

到了中午前十一點左右我會找機會吃點水果，補補體內所需的水分和營養，且可預防中餐吃過飽。午餐後，在下午一至三點之間小睡半小時，因為此段時間關燈休息，可補充腦部褪黑激素的分泌，並紓緩一上午的工作疲勞，使下午更有工作精神與效力。若無法午睡，我會找機會按摩一下胸口與腋下，來幫助心臟的循環。

下午三點半左右我會再喝一杯白開水（天熱喝常溫水，天冷喝溫開水），或再吃點水果，充分幫助泌尿系統清除體內的不良物質，因為下午三至五點是膀胱經絡主要運作時段。如此還可避免晚餐吃得過多。下午五點時我會蹲五分鐘馬步，因為五至七點之間是腎經絡主要運作時段，腎主管骨頭、牙齒、下焦和頭髮，此時練馬步可強腎固精及壯實腰腿，減少老化的速度。然後晚餐盡可能在七點前吃完，因為我們所吃下的食物至少需要約六小時才能充分消化，早點結束晚餐才會睡得安穩實在。

到了晚上九點至十點之間我會做幾分鐘書中簡單的氣功運動，再去洗澡，使一整天的工作疲憊消除乾淨。然後在十一點以前上床躺平，再晚也不要超過十二點入睡，這是我認為較能保持身體健康的生活方式。

其實，我們永遠不知道下一刻自己的身體「會變成什麼狀況」，倘若老是抱著疑心疑鬼和不肯運動的態度，身體與事業會一直不順心。我們不妨以積極樂觀、減少物欲和時時助人來面對人生，多自我按摩、敲打與運動，許多身體的問題會迎刃而解，衷心希望大家都能充分利用本書內容，得到實質上的收穫與幫助。

吳建勳

目次

吳建勳教你不生病
仁醫妙手の小撇步

第二章

皮膚疾病自我護理
常見皮膚和毛髮問題

青春痘問題

皮膚、足部相關疾病

毛髮相關疾病

吳醫師保健室

第三章

婦女疾病自我護理
女性生理期、更年期症狀

女性生理期症狀

第五章

善待你的身體健康養生方案

本書中的穴道位置圖

正面、側臉、腳底

人體的穴位有多達三百多個，除了任脈和督脈的穴位之外，其餘穴位都是左右對稱，例如，兩手虎口的合谷穴就是左右各一穴位。

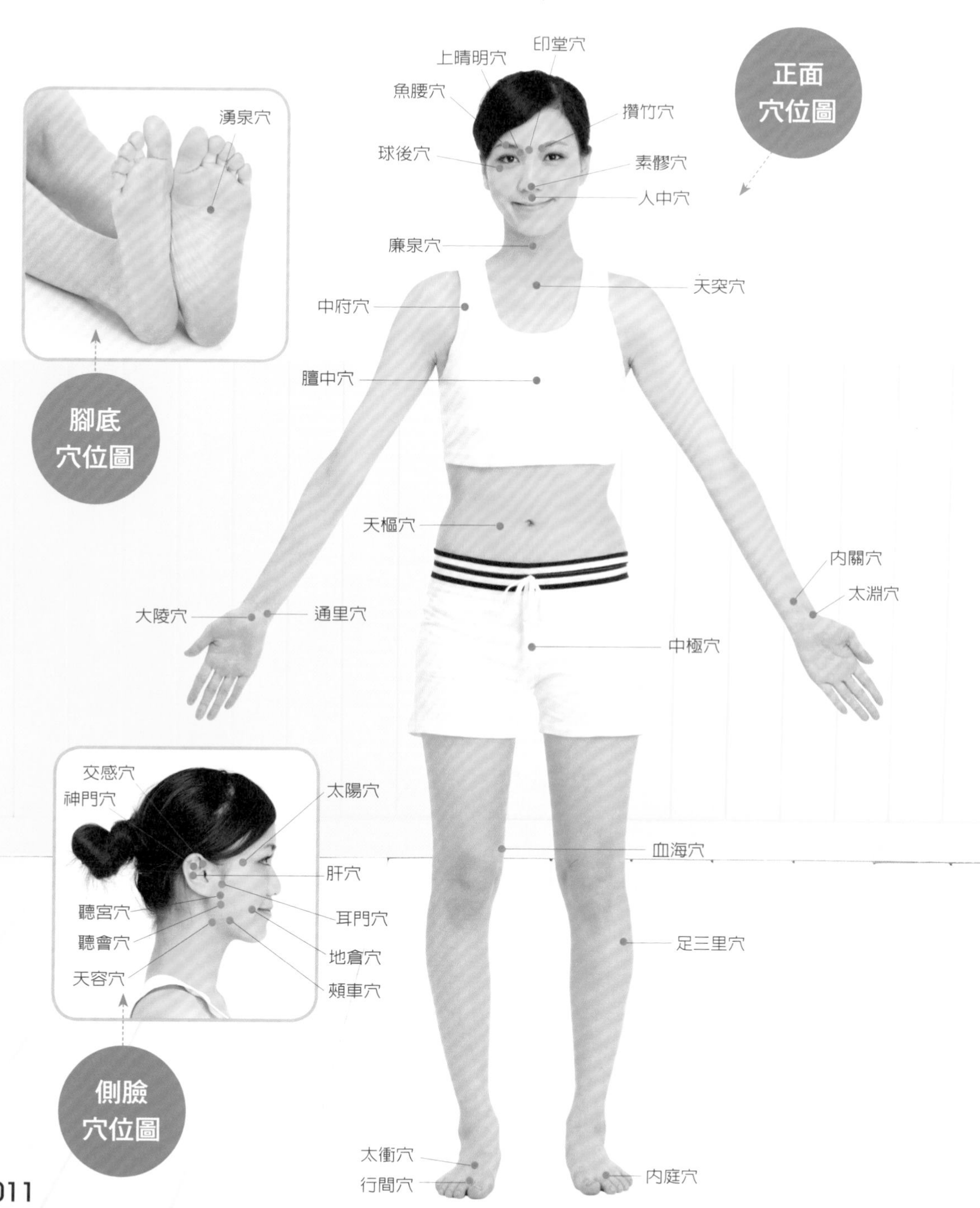

本書中的穴道位置圖

背面、頭頂、下半身

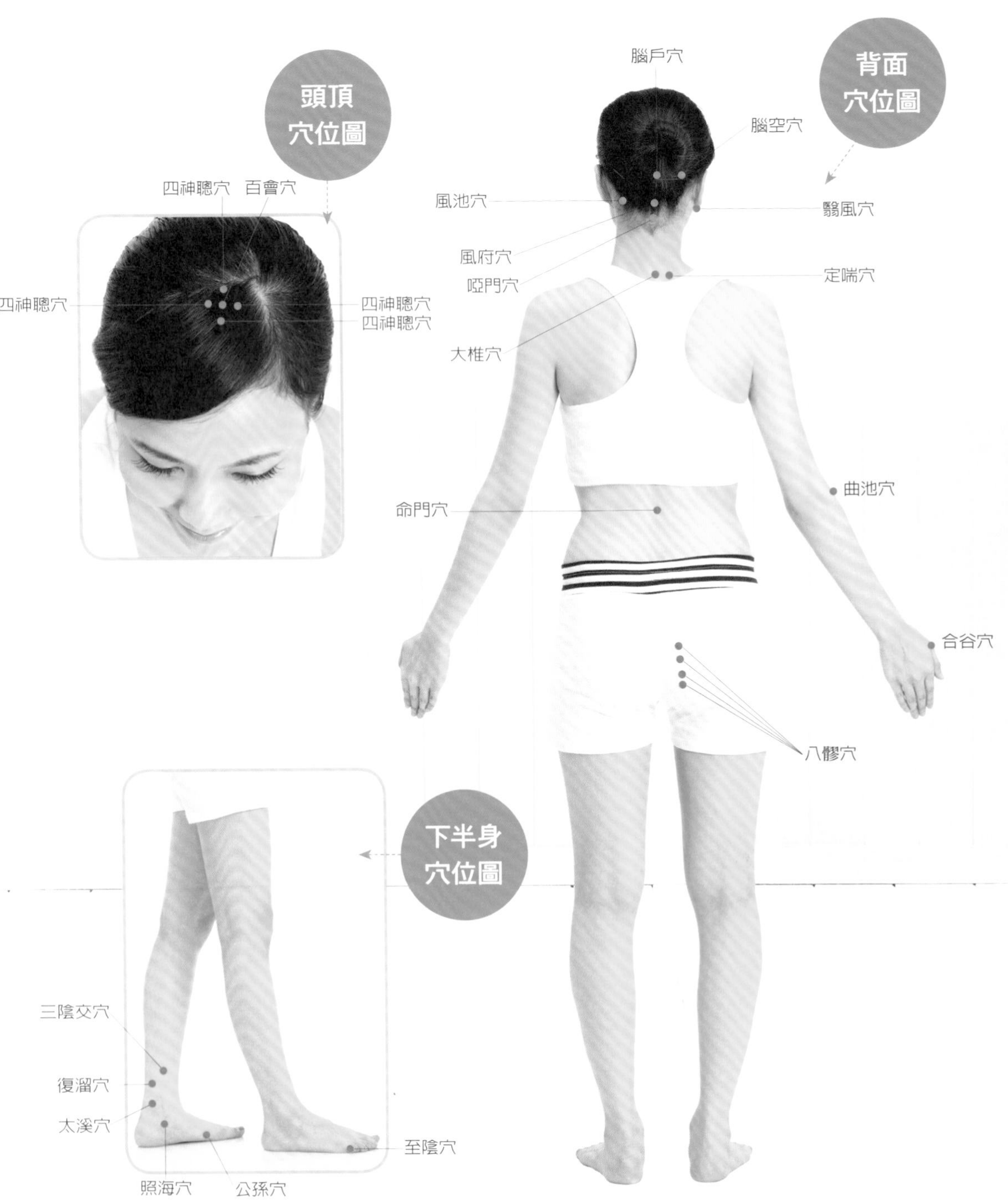

常見疾病自我護理

身體不舒服時，該怎麼辦？

頭痛按摩穴位

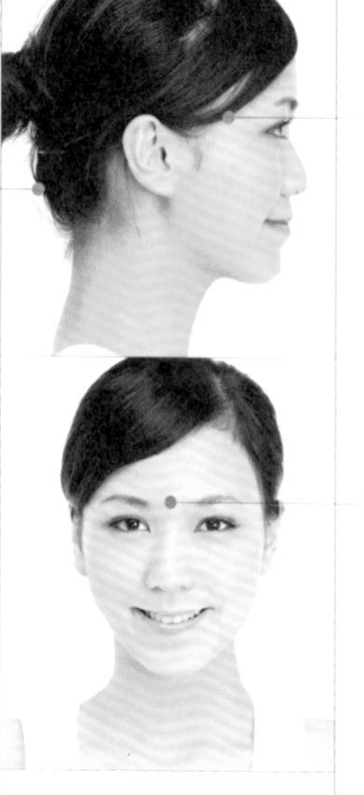

頭痛

頭痛是一種很明顯的自覺症狀，很多疾病都可能引起頭部的不舒服，但往往無法找出真正的發病原因。頭痛時可用「熱檸檬茶」來緩解，取新鮮檸檬（皮愈綠愈佳）切一薄片，放些鹽巴約一公克，沖熱開水一杯，趁熱喝。續杯時不用再加鹽巴。

另外可用力按摩合谷穴（雙手的虎口）、雙腳的腳趾尖、印堂穴（左右眉毛的中間）、太陽穴（注意此穴不在最上側的額角，而是在眉毛尾端與眼尾交叉處），及後腦突出的骨頭（枕骨）、百會穴（在頭頂正中線與兩耳對折耳尖連線的交點處）。

風吹就頭痛

不論在室內或室外，儘管身材看起來肥胖或壯碩的人，身體卻好像弱不禁風，風一吹到頭部，就開始不舒服、頭痛、頭暈或流眼淚，這多半是因爲剛生產完時，醫院冷氣太強；或做月子時，洗頭沒有趕快吹乾，或洗太頻繁，使得風寒侵入頭部筋脈所致。由於產後人體身子骨最鬆懈，風邪容易侵入最深層的部位，老一輩的人稱爲「月內風」，此種頭痛不容易完全痊癒，多半反覆發作，經年累月，不勝其擾。

建議連著吃七次薑母鴨，每隔一天的下午三點～五點之間吃一次，並且每天早晚各做三分鐘「背向倒立」運動。薑可驅除風寒，鴨肉可滋陰補血（嘴巴紅色的紅番鴨最佳），倒立可使腦部深層微細血脈活動起來，如此一來，腦中深處的風邪、寒邪就可徹底清除。此種食療與運動有時可能比長期吃藥打針，來得安全有效，值得一試。

「背向倒立」看起來很困難，實際上做起來很容易。首先背對牆壁，向前彎腰，把雙手撐在

側面

月內風氣功療法——背向倒立法

1. 足踏牆壁而上。
2. 然後足踏更高的牆壁，手往牆壁走近。
3. 熟練者，手可走近牆壁，使身體幾乎與牆壁垂直。
（注意：初練者不可倒立太久，不超過三分鐘。）

地上，然後將雙腳逐步「倒走」上牆壁較高的地方，再移動雙手靠近牆腳，使身體接近「垂直」，然後保持此姿勢三分鐘以上。

倒立時間依個人身心狀況而定，初練者不可倒立太久（不要超過三分鐘），也不用太垂直，以免氣血衝得太猛而難過；熟練者可加長倒立時間，但也不要超過十分鐘。練完時雙手移向前方，讓雙腳慢慢走下來；熟練者可直接一個前滾翻，接著馬上站起來。

特別注意在練習時，需墊上厚的塑膠墊在地上，大約鋪上一個榻榻米寬的地方，以策安全。若有高血壓、心臟病或臉紅脖子粗的人，倒立不可超過三分鐘。（一分鐘即可）

頭部出血急救法

出外郊遊或家居生活，頭部不愼摔傷或受到撞擊引起出血時，除迅速包紮傷口外，可在兩邊耳朵的外耳門前方（耳珠斜上方），摸到一個明顯的脈搏跳動的地方（顳淺動脈搏動處），按壓幾分鐘，能有效地幫助頭頂部及頭側面的出血停止，對於身在野外、就醫前，是頗爲有用的手法。

黑眼圈

黑眼圈的發生，除了大家常拿來揶揄對方——「房事太多、縱慾傷腎」引起以外，其實還有幾個可能原因。

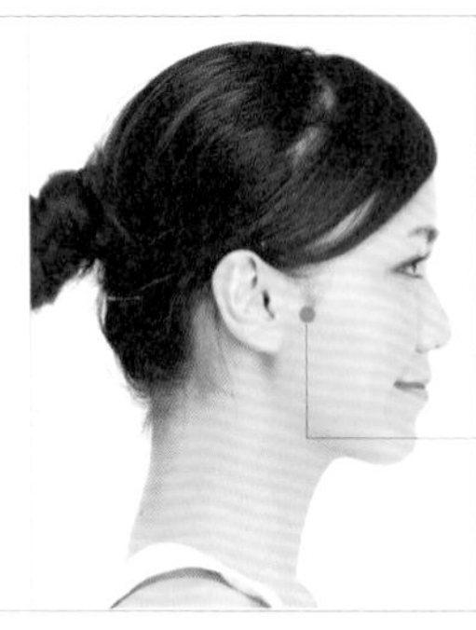

頭部出血按摩方法

按壓耳前動脈搏動處。

(1)、久坐、常常腰酸背痛、坐骨神經痛的人，其脊椎及下腰部的循環不佳所造成。

(2)、婦女朋友的月事不調引起，如子宮寒冷、子宮壁剝落不完全、微小血塊瘀積等。

(3)、長期晚睡、熬夜工作的人。千萬不要淨是買昂貴的化妝品來塗抹，對症下藥，才是根本。不妨多吃蓮藕茶來去瘀生新，並在每日睡前，同時以左右手一前一後按摩下腹部及腰椎十分鐘，慢慢就可減輕黑眼圈的症狀。

小中風

如果長期勞累，工作或睡覺時經常讓電風扇直貫身上，或二十四小時吹冷氣，結果有一天睡醒時，臉部麻木鬆弛，額紋消失，眼睛不能完全閉起來，容易流淚，人中溝平坦，嘴巴歪一邊，口垂且會流口水，不能蹙額皺眉、聳鼻、示齒、鼓腮及吹口哨，此乃「口眼喎斜」，也就是顏面神經麻痺，俗稱小中風。

除了就醫外，宜多按摩兩手的合谷穴、後腦袋枕骨下方各凹陷處、臉頰各骨骼凹陷處（地倉穴、頰車穴），及耳垂正後面的凹陷處（翳風穴），按時要集中您的精神和力氣，會有很酸的感覺，並多吃燉鱔魚湯，來祛風散寒及疏通經絡。

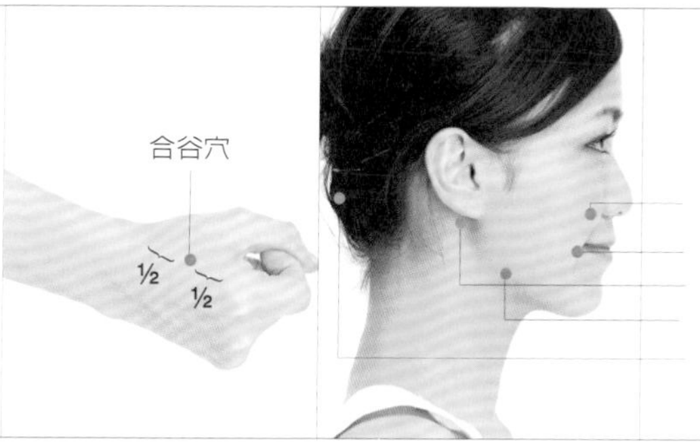

小中風按摩穴位

眼睛模糊、酸澀

現代人看電視和使用電腦機會太頻繁，導致視力衰退得很快，常常會感到眼睛模糊、酸澀，此時可購買乾的桑葉一斤（（可到中藥行購買乾的或新鮮的桑葉），每次用手抓一大把（約二、三兩重），煮成一大鍋，煮好的水會呈茶的顏色，有自然的清香且有潤滑明目的作用。將桑葉茶的渣滓瀝乾淨，用來清洗眼睛，先燻後洗，每星期趁溫熱時燻洗二次，洗到眼睛恢復正常後，減少至每個月洗一次保養即可。假如讀者不敢直接洗眼睛，僅利用剛煮好的桑葉茶蒸氣來燻眼睛，一樣有用。

中醫學研究認爲「桑葉」乃桑科植物桑Morus alba L.的葉，性味苦甘寒，能祛風邪、清熱、清肝、明目及涼血降壓。

眼睛紅腫

假如您的眼睛常常血絲多且腫，眼屎多，頭暈頭脹，早晨起來又覺得嘴巴苦苦的，喉嚨乾乾的，小便顏色很濃很黃，大便也不順暢，舌頭紅又有黃苔，脈搏跳得快又緊，這種現象中醫稱爲「肝膽熱盛的目赤腫痛」。應早點上床睡覺，多喝菊花茶或決明子茶，清熱明目和疏泄肝膽的亢進，並按摩眉毛內側盡頭（攢竹穴）、下眼眶外角（球後穴）、後腦枕骨周圍及眉毛的中點（魚腰穴）等區來改善。

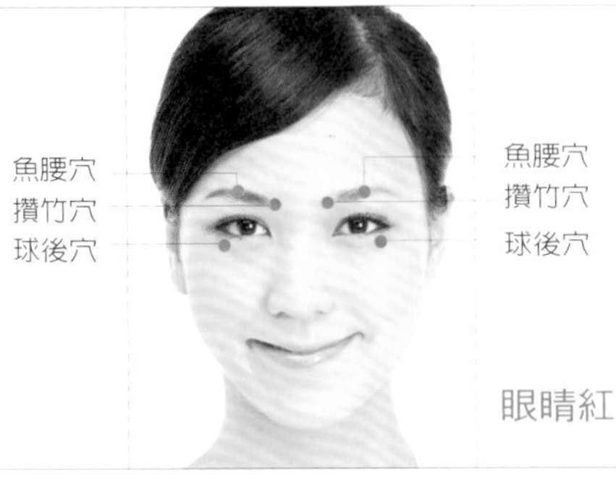

魚腰穴
攢竹穴
球後穴

魚腰穴
攢竹穴
球後穴

眼睛紅腫按摩穴位

吳醫師小叮嚀

當你的電視或音響越開越大聲時，那就表示你的聽力已經變差了。提醒你耳機不要戴超過1.5小時，戴愈久聽力愈易受損。

耳鳴

耳鳴患者約佔耳科門診病患的十分之一，其中約有百分之五的人抱怨因爲嚴重的耳鳴影響了其日常生活，變成身心俱疲，可見它的嚴重性。所謂耳鳴，是指耳朵在沒有外來聲音的刺激之下，從耳部或頭部聽到或感受到有蟬鳴聲、嗡嗡聲、滴答聲、蟲叫聲、叮噹聲或轟隆的聲響，有單側或雙側，低音或高頻的，連續或間斷的聲音。耳鳴依其發生時間的長短來分類，通常可分爲急性與慢性兩種，急性耳鳴即短暫性耳鳴，是指最近才發生的，約三個月內產生的耳鳴；慢性耳鳴，則是指已超過三個月以上的耳鳴。

事實上，耳鳴的眞正原因並不清楚，只要在聽覺傳導路徑中任何一處出了問題，就可能產生異常的聲音。可能原因如下：耳垢阻塞、外耳道炎、漿液性中耳炎、梅尼爾氏症、血管阻塞、肌肉痙攣、鼓膜穿孔、耳硬化症、老年性聽障、聽神經瘤、腦幹血管硬化、腦中風、退化症、健忘症、藥物副作用、噪音性損傷等等。

由於耳鳴的成因相當複雜，所以治療成效往往無法令人滿意。因而西醫建議採用合併式的療法，其方法包括有一般內科藥物的治療、耳鳴遮蔽器及助聽器、生物回饋訓練法、心理治療及耳科手術等各種方法。

耳鳴只是一種症狀，必須找出其致病因，針對其病因，才能徹底治療。因而中醫從不同的角度來治療，例如按照經絡的分布，膽經絡、三焦經絡與小腸經絡均到達耳朵，因此這三條經絡的諸多穴道均有良好治療耳鳴的功效，像膽經的聽會穴、三焦經的耳門穴、小腸經的聽宮穴。此外，中醫觀察五臟與五官息息相關，腎開竅於耳，當腎氣衰弱時也會發生耳疾，所以腎經的太溪穴也有治療耳鳴耳聾的作用。建議讀者可多按摩這些穴位的所在，亦可預防耳疾的發生。

另一方面，可用右手拉左耳的耳垂數十秒，同時深深吸氣；吐氣鬆開後，再用左手去拉右耳耳垂數十秒，同時深深吸氣；如此重複數回，每日不定時拉數次，可改善耳朵的循環與功能。

流鼻血

流鼻血的時候，乍看之下挺嚇人的，甚至有人一見鮮血，就馬上暈了過去。其實，流鼻血是身體的一個自然反應，當體內上

耳鳴按摩方法

右手拉左耳的耳垂，數十秒，吸氣，吐氣鬆開後，再換邊重複同樣動作。

耳鳴按摩穴位

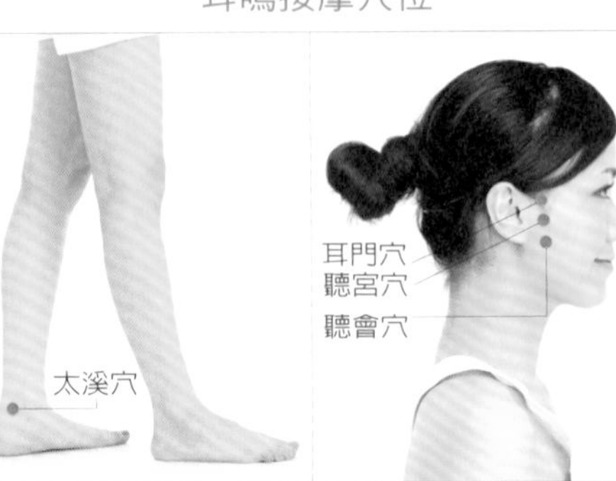

焦的火氣過多時（橫膈膜以上到頭頂的微循環之能量），體內的防禦調節系統，會藉由鼻孔宣洩能量，以免造成發燒或發炎太過。

可以立刻用力按壓中指或無名指最下面那一節的側面部位，鼻血便會迅速停住，但需記得要相反操作，如右鼻孔流血，則按摩左手無名指根部側面。倘若還是止不住，可立即在頭頂心拔三四根頭髮，宣洩火氣，就可安然無恙。

另外可到中藥房購買藕節二兩、白茅根二兩、元參五錢、地黃五錢及仙鶴草五錢，用七碗水煎成三碗水，分三次飯後服下，連續三天服用，即可治好流鼻血的症狀。

也可用一個白蕃薯，削去皮，切成小塊，加入五百C.C.冷開水，打成液體，然後濾掉渣滓，再加入蜂蜜，變成好喝的果汁，每天早晚各一杯，連續三天，即可改善。尤其夏天可多喝幾次，流鼻血的情況便會愈來愈少。比起其他苦藥，這個方法多半小朋友較能接受。

若有機會也可向農夫買一把約三、四寸的「秧苗」，稍爲清洗一下，亦加入五百C.C.的冷開水，然後以小火燉，等煮沸時再煮三分鐘，喝的時候需溫溫的喝，不要涼了再喝。此法可確實鞏固鼻膜，維持較久的時間不流鼻血，甚至達數年之久。

迅速止住鼻血按摩方法

按壓中指或無名指最下面那一節的側面部位，鼻血便會迅速停住。

鼻病、昏倒

鼻尖正中乃是針灸督脈之「素髎穴」，用力按壓鼻尖的素髎穴幾次可解除昏厥、鼻塞、流鼻血的狀態，每天按摩亦可改善鼻炎、鼻蓄膿及酒糟鼻（飲酒太多導致鼻尖紅糟）等慢性病。

臨床上認爲素髎穴，對於高血壓、肝陽上亢（肝壓高亢）、心血瘀阻及痰火阻塞等所引起的腦血管疾病，深具療效。病人危急時在此穴深刺放血三～五滴，不但不會傷到內層重要臟器，且療效迅速，有醒神開竅、化瘀通絡及降火熄風之功效。平日不妨多指壓此穴，使頭腦清明及鼻道順暢，有助健康。

鼻塞、鼻過敏

天氣變冷了，許多人鼻塞、鼻涕流個不停、鼻過敏等現象犯個不止，即使就醫服藥後，情形並未如預期那麼快就能改善。建議除了少吃油炸的食物和冰冷的飲料以外，有幾個小祕訣可以有效幫助。

⑴、一大早起床穿好衣服後，馬上用腳尖連續走三～五分鐘，走的時候雙手要一直舉高。

⑵、雙手擦熱後腦，因後腦及腳尖部位都是鼻腔的反射區，此區的循環佳，鼻子惱人症狀就會減輕。外出時戴上帽子及圍巾，人體體內的能量有一半是從頭及脖子發散掉，保護好抵抗力才不會急遽衰退。

鼻病、昏倒按摩穴位

鼻乾痛

天氣較爲乾燥時，許多身體熱脾氣急的人，或素有胃火便秘者，或經常吃炸、燒烤食物及餅乾的人，常會有鼻子乾痛的現象，往往會忍不住想去摳它，結果常常造成流鼻血，很不舒服。

有的人就會去擦凡士林或涼涼的軟膏和精油，問題是這一類軟膏多半含些許的礦物或揮發性物質，容易阻塞毛細孔或蒸發皮膚的保濕，剛擦的時候好像比較舒服，但使用久了反而更乾痛。建議多吃些能「潤燥」的食物，如白木耳百合蓮子湯、溫的金棗茶、溫的楊桃汁、燒仙草、蜂蜜及甘蔗等，並多喝水及保持每天排便暢通。

扁桃腺發炎

時常喉嚨痛、扁桃腺發炎和喉部覺得不清爽的人，除就醫服藥之外，不妨試試「抬頭望青天」的氣功動作，簡單有用。坐著或站著均可，仰頭將下巴向左上方抬高，同時鼻子不斷緩緩吸氣，此時您的胸瑣乳突肌及頸根周圍，會被拉扯得有些痠痛，但會作用到深層的喉嚨、扁桃腺等，頭低下時以嘴巴緩緩吐氣。

然後再仰頭將下巴向右上方抬高，同時鼻子不斷緩緩吸氣，再低頭吐氣。如此重複幾次，就可減輕不舒服的症狀，倘若常常做，不僅可強化喉部的抵抗力，還可消除頸部的疲勞。

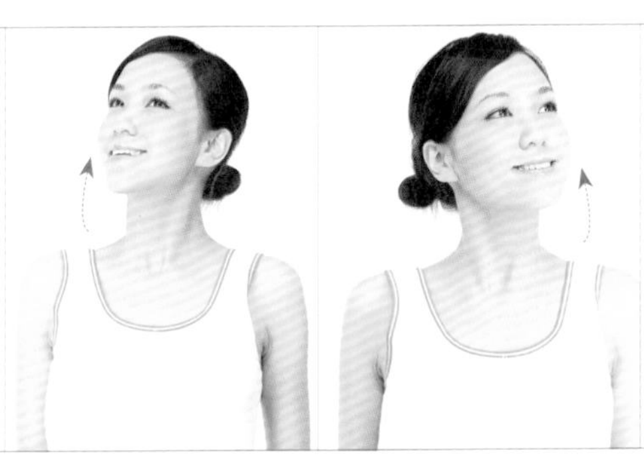

喉嚨痛、扁桃腺發炎氣功運動

「抬頭望青天」：吸氣、仰頭，將下巴向右上方抬高，再吸氣、仰頭，將下巴向左上方抬高。

扁桃腺發炎、喉嚨痛的人，連呑口水都會不舒服，非常痛苦。可用清涼的油類，如萬金油、綠油精、保心安油、紅花油及荳蔻油等，塗抹在頸部的兩側，然後以雙手的手指，同時由耳朵後面向著下巴方向，按摩脖子側面，按摩時保持由上往下單向按摩（不可來回按摩），每次按摩五分鐘，每天四次（飯後及睡前各一次）。此法可快速減輕喉嚨疼痛，平常多做也可預防扁桃腺炎的發生。

久咳、咳血

感冒中，若一不小心吃了冰冷、辛辣或油炸的食物，如西瓜、葡萄柚、冰淇淋、炸雞、麻辣火鍋等，結果變成難纏的咳嗽，往往拖得很久，甚至咳一～二個月，咳的痰中都有些血絲，怎麼吃藥都吃不好。

此時，不妨用一根洗淨的蓮藕，先在煮沸的水中燙個三分鐘，再切成小塊，加些冷開水，放入果汁機打成汁，去渣，再加些蜂蜜喝。因爲「生的蓮藕」性質甘寒，能涼血止血、除熱清胃，所以可治吐血、口鼻出血、產後血悶和醒酒。

久咳的人，可早晚吃一碗「蓮藕粉」來強化氣管、修補潰瘍，使「痰」容易聚成球塊狀，順利咳出。蓮藕粉性味甘溫，不會太涼，但大多數的人都不知道怎樣調理藕粉，才不會結塊又好吃。首先需選擇很小塊、很小塊淡粉紅色形狀的藕粉，太紅或太白的，多半成分不良。用冷

喉嚨痛按摩法

可用清涼的白花油或綠油精，
由上往下按摩下巴下方的頸側。

開水將碗中一大湯匙的蓮藕粉，調成均勻的糊狀後，再放到微波爐裡大約一分鐘（各廠牌的時間稍有不同），加糖，就變成大小朋友都喜歡吃的Q Q藕凍了。如果家裡沒有微波爐，需用最少的冷開水（約二湯匙），將碗中一大湯匙的藕粉，調成均勻的糊狀後，再放入剛燒開的水，才沖得開。

另再將一碗藕粉入十五人份大鍋中，加水八分滿去煮（需不斷的攪拌，才不致於燒焦結塊），再加些貳號赤砂糖，就成了通血脈又可口的蓮藕茶。

久咳不止

假如您的咳嗽幾星期都沒有改善，有很多白色的黏痰，胸腹部覺得悶悶的，食慾不振，脈搏滑而弱，且有白色滑膩的舌苔，此乃「痰濕阻肺」引起的內傷咳嗽。除就醫服藥外，可用拳頭下緣肥肉，輕敲擊胸部外上方靠近肩膀的大凹陷窩（中府穴，左右邊各有一個，在鎖骨下面的大凹陷處）、膝蓋內側、腳底內側面及小腿外側中間部份等，來健脾益肺、降逆止咳。

感冒喉痛

感冒的時候，大家總喜歡先用「紅糖薑湯」來治療，那是因爲薑中

久咳不止穴位敲打法

用拳頭下緣輕輕敲擊中府穴。

含有一種「薑辣素」，會使心跳搏動加速，血管擴張，血液流動變快，使全身產生溫熱的效應。也使得流到皮膚的血液增多，毛細孔因而張開出汗，把病毒排出體外，所以薑有祛寒、發汗、除濕、增溫及活血的功能；而紅糖，味甘，性溫，能緩解疼痛、行血與活血，因此紅糖薑湯可以有效的緩解流鼻水、頭重和全身酸痛。

但如果已有喉嚨疼痛的症狀，那就不適合食用。因爲喉痛表示組織已有潰瘍發炎，而薑性辛溫，恐會加重病情（加重發炎的狀態）。此時應當用濃鹽開水，每隔半小時或一小時漱口喉嚨一次，可減輕喉嚨發炎的程度，加速痊癒。

喉痛聲啞失音

當我們感冒的時候，喉嚨常會覺得緊緊的，甚至於喉嚨「腫痛」，痛到不能講話發聲，若您已用了很多種食療方法，都沒有效果時，可以使用中國傳統老藥方「麥門冬湯」來恢復聲音。可到中藥房買麥門冬五錢、粳米二錢半、半夏二錢

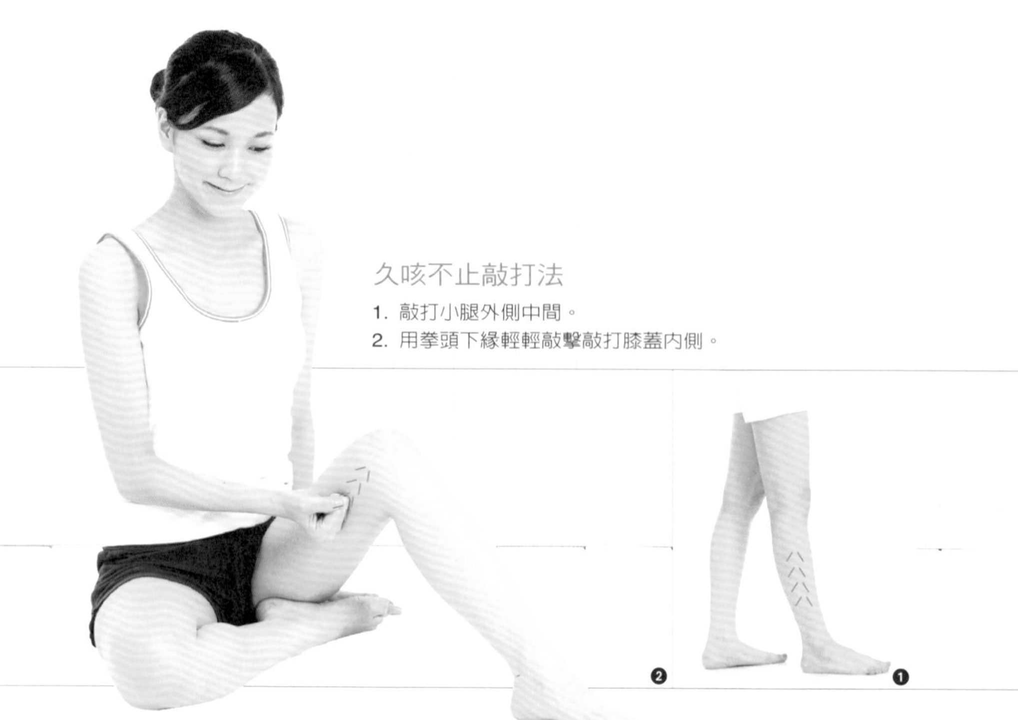

久咳不止敲打法

1. 敲打小腿外側中間。
2. 用拳頭下緣輕輕敲擊敲打膝蓋內側。

牛、紅棗二錢、西洋參一錢、甘草一錢、山豆根一錢、射干一錢、馬勃一錢，用六碗水煮成三碗，每餐飯後喝一碗，連續喝三天以上，就可很快改善。

喉中老是覺得有痰

假如您未感冒，但喉中老是覺得好像有一樣東西，卡在當中，吞之不下，想吐又吐不出來，似有痰又沒痰，即使上了醫院檢查，也查不出個所以然來，令人困擾。

這個現象中醫叫做「梅核氣」，意思是說好像喉嚨當中，有一個梅子的核梗在那裡的意思，主要是因長期精神鬱悶及壓力，引起「肝機能異常」，影響膽汁分泌失常及喉嚨、食道、胃腸等的蠕動，以致喉中不清爽。找出「鬱卒與壓力」來源，將它疏導開來，並在每一餐的飯後，吃一～二顆黃色的蜜餞橄欖或醃漬的紫蘇梅，就可解決這個惱人的小毛病。

喉中老是覺得有痰

每一餐的飯後，吃一～二顆黃色的蜜餞橄欖或醃漬的紫蘇梅，就可解決這個惱人的小毛病。

常見疾病自我護理

腸胃、消化相關疾病

吳醫師小叮嚀

長期內心無名緊張、吃飯死盯著電視、久坐沙發不動、吃東西太急太快而不咀嚼、吃飯時不愉悅等等，都會造成腸胃、消化疾病。

胃食道逆流

或許和國人飲食西化及肥胖盛行率愈來愈高有關係，胃食道逆流（Gastro-Esophageal Relux Disssease，簡寫GERD）的人數越來越多，目前（二〇一一年）台灣盛行率大約爲百分之十～二十（每一百人就有十～二十人有胃食道逆流症），它最明顯的症狀是火燒心（胸口灼熱感），且伴隨著食物回流到嘴裡的感覺，口中偶出現苦味和酸味，有時會有嚴重的中背痛。體重過重、孕婦、食道裂孔疝氣、糖尿病、消化性潰瘍、硬皮症、胃腺瘤者較常有此情形。

若阻止胃內消化的食物逆流入食道的瓣膜機制，無法正確的發揮作用時（下食道括約肌無力），酸液就會回流至食道，有時會到達口中，這種酸會刺激、破壞食道內層，並形成瘢痕（疤痕）。瘢痕可能會使食道變窄，使吞嚥變困難。酸液會由口流入肺臟。通常躺下時症狀會更爲加劇，此乃有較多的胃液由胃回流至食道所致。某些病患躺下時，會有咳嗽發生，此乃酸液回流至食道，再經由呼吸道流至肺臟所致，因此身體用咳嗽試著將這些破壞性的胃液排出肺部，但嚴重時會造成肺部的慢性炎症與呼吸問題。酸液對食道、口、肺臟造成的影響，即胃食道逆流的症狀。若未加以治療會造成食道炎、食道潰瘍，或增加食道癌的風險。

會使症狀加劇的食物，如咖啡、酒精、巧克力、汽水、柑橘水果、油膩油炸物、咖哩、洋蔥、薄荷調味料、辛辣食品、以紅番茄爲醬料的義大利麵與披薩、醋等。

特別注意，當體重增加、一下子吃太多吃得太快、腰帶紮太緊、長時間蹲著或彎腰工作、在飽餐之後馬上躺下來，這些都會讓胃及腹壓增加，進而增加胃食道逆流發生的機會。

西醫認爲大部分人可以藉由生活上的改變，來改善胃食道逆流造成的問題，包括正確的飲食，服用制酸劑，以及減重等。少部份患者因藥物效果不好，或者無法忍受長期服藥的需要時，才需接受手術治療。

我的建議平日可多敲打能治療各式各樣的胃疾的天樞穴（在肚臍的左右兩側約自己三指寬處），並常常唸「噓、呵、呼、嘶、吹、嘻」六個字，因爲唸這六字訣時會使食道、胃、腸等五臟六腑依序共振，讓各個器官和諧運作，自然而然就不會逆流了。

天樞穴

胃食道逆流按摩穴位

在肚臍的左右兩側約三指寬處。

便祕食療

久臥病床的人，如肝病、癌症、中風患者等，由於長期服用多種藥物治療其病痛，而這些藥物往往會擾亂腸胃的蠕動功能，導致排便困難，影響日常生活至劇。

這時候我們可多給予黑棗（這裡是指加州梅Prunes，不是中藥所用的黑棗），此種可在超市買到去籽的黑棗，性質軟滑容易入口，又不會太甜，含有豐富的維生素A、鉀、鈣、鐵等，且是一種「高纖」果子，能有效幫助排便。沒力氣咀嚼的病人，可用此種黑棗加水打成果汁來喝。青少年功課繁重引起的便秘，每天也應多吃幾顆。

大便不順

如果常常便秘，或者當吃壞肚子，腹痛如絞，想拉肚子，卻又嗯不出來時，走也不是，不走也不是，這時候該怎麼辦？

可以用力按壓自己身上幾處可調整腸胃的反應區：

(1)、肚臍的左右兩側，大約自己三個手指寬的地方。

(2)、按壓下眼眶的中點位置和內眼角的眼窩。

(3)、手掌掌根。我們的腸子彎彎曲曲，糞便很容易囤積在轉彎的地方，記得每個反應區都要用力壓幾次，因爲「每個區」可幫助蠕動「不同的腸段」，使積壓在各個彎角的糞便或陳年宿便順利排出，當您

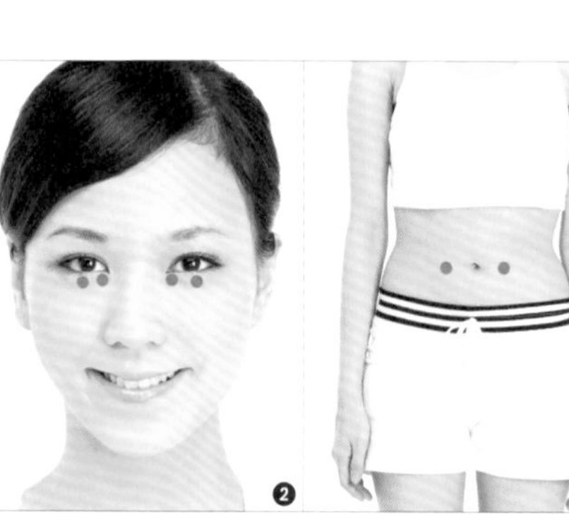

大便不順按摩法

1. 按摩肚臍左右兩側，約三個手指寬的地方。
2. 按摩左下和右下眼眶中間後再按摩下眼眶內角。
3. 按摩手掌掌根（腕骨凸起前緣）。

蹲在馬桶上一邊壓的時候，就可感覺到大便逐漸推出腸道、肛門。

脹氣

現今生活緊張，常因壓力大引起消化不良與脹氣，此時最好少吃不易消化或容易發脹的食物，如糯米飯糰、麻糬、蛋、蛋糕、蛋塔、甜點、油炸食物、竹筍、香蕉、玉米、青椒、香瓜、瓜子、牛蒡等，應在吃飯時配些蘿蔔湯、鹹蘿蔔乾、鹹橄欖、陳皮乾、泡菜、仙楂片或於飯中加一小匙茶油。

飯後輕鬆地左右搖晃臀部五分鐘，上半身及肩膀不可搖動，雙掌向下，在肚臍前相對應著，所謂「春風搖曳」簡易氣功式，若能搖到打嗝放屁最佳，此即表示胃腸通氣。

濁氣

生活緊張忙碌的人，肝膽內在的壓力多半過度，常會影響位於胃與腸中間幽門的功

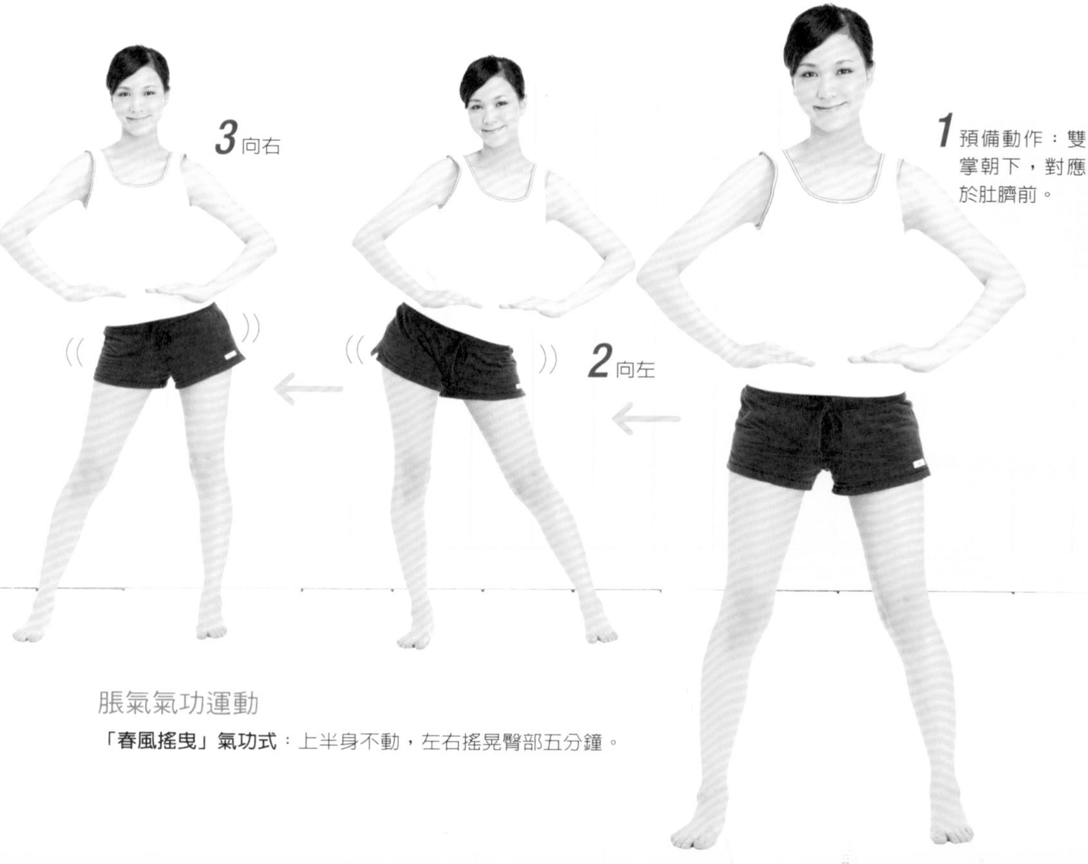

1 預備動作：雙掌朝下，對應於肚臍前。

2 向左

3 向右

脹氣氣功運動

「春風搖曳」氣功式：上半身不動，左右搖晃臀部五分鐘。

能，使食物無法順暢地通過胃部、幽門，送到小腸再吸收，往往囤積在胃中過久，而產生沼氣瓦斯（傳統醫學謂體內濁氣），導致噯酸（吐酸水）、脹氣等問題。

假如吃飯又急又快，吃完又馬上工作或開車，這股濁氣還會往上衝，頂到心窩，令人感覺胸悶難過，或心臟左邊短暫抽痛，讓自己以爲得了心臟病，擔心不已。其實這只是「假心痛」，是由於濁氣造成心臟周圍的微循環不通暢。

有時濁氣甚至會上攻到頭部，使人常常覺得頭腦不清爽。當到大醫院就醫檢驗，怎麼都查不出毛病時，就會開始疑神疑鬼，以爲頭部或胸部長東西，導致睡覺都睡不好，煙酒加身，自怨自嘆，日子一天一天過去，結果身體愈來愈差。

建議飯後散步半小時，因爲散步可適當疏導和刺激胃腸的消化功能。若不方便散步，必須接著工作或開車，可不斷地輕唸六字訣「噓、呵、呼、嘶、吹、嘻」（一種內功口訣，至少念一百遍），此法可促使內臟、腹部規律的運動，使胃腸蠕動順暢，造成打嗝或放屁「釋放濁氣」，脹痛立刻就能減輕。此外，沒病的人也可多念，重複念的時候，會感覺運動到內臟與腹部（共振效果），常保健康。

濁氣疏解六字訣法

飯後可輕唸六字訣。

腹痛就醫前自我判斷

腹部疼痛，雖然發作的時候好像痛得很厲害，但如果用手壓住時，反而覺得比較舒服，這表示此症狀多半是虛症、慢性病，暫時可以不用太緊張，但還是得就醫找出原因；倘若一碰就更痛，或連摸也不行摸，則表示大都爲實症、急性病，是發炎正厲害的時候，得趕緊送醫急診。

在還沒就醫之前，可先自我腹診一下，並回想先前所吃的食物、藥物，以便讓醫師得到最充分的瞭解。

以肚臍爲中心，把腹部分爲上下左右四個區：

(1)、左上腹的疼痛，可能是胃、脾臟、肝臟左葉、胰臟、小腸、左腎及一部份大腸的問題。

(2)、右上腹疼痛，可能是肝臟、膽囊、右腎、小腸及一部份大腸問題。

(3)、左下腹疼痛，可能是小腸、大腸、膀胱、左側卵巢和輸卵管、子宮的問題。

(4)、右下腹疼痛，可能是盲腸和闌尾、小腸、大腸、膀胱、右側卵巢和輸卵管、子宮的問題；繞臍壓痛，可能是燥屎便祕、急性腸炎、寄生蟲及腸梗阻等等。

腹部寒痛

假如脈搏跳得很沉且細細的，舌頭較無血色且有白苔，常常拉水水

❶

❷

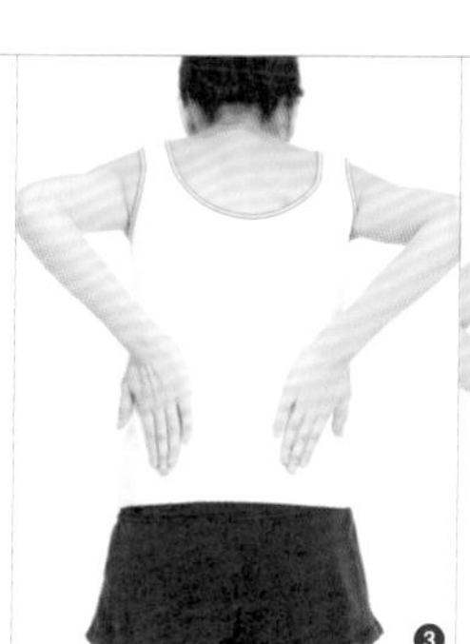
❸

腹部寒痛按摩方法

1. 以順時鐘方向按摩肚臍正下方的下腹部。
2. 以順時鐘方向按摩肋骨最下端。
3. 雙手同時按摩背後中腰部的脊椎兩旁。

的大便，肚子疼痛的感覺綿綿不絕，一會兒痛，一會兒停止，怕冷喜暖，若把手掌摀著肚子反而舒服，此乃「腹部寒痛」。

應溫中補虛，宜多按摩肚臍正下方的下腹部、肋骨最下端及背後中腰部的脊椎兩旁，並多吃小茴香粥、火鍋、薏仁山藥粥、蔥花稀飯、小米粥、大頭菜湯及燕麥粥等。

氣滯血瘀腹痛

如果突然腹部脹滿，疼痛得連碰都不能碰，一按肚子會痛得更厲害，而且這個痛會牽引到下腹部，攻竄不定，假如生氣發怒的話，會痛得更劇烈，脈搏跳得很緊，舌頭有薄苔，此乃「氣滯血瘀的腹痛」，意思是肚子裡可能有急性的發炎。

在就醫之前，宜速用拳頭下緣的肥肉敲打小腿外側（沿著脛骨邊）、大腿內側接近膝蓋的地方及猛按幾次雙手的虎口（合谷穴），並喝杯蜂蜜水或糖水，可快速緩和疼痛，再行就醫。

嘔吐

當我們吃了不潔的食物，胃腸中有太多的混濁體液，形成水毒體質，就會反射到延腦中樞，開始有嘔吐的慾望與動作。假如感冒時，病毒影響到胃氣的升降及蠕動消化功能，或素有幽門狹

氣滯血瘀腹痛敲打方法

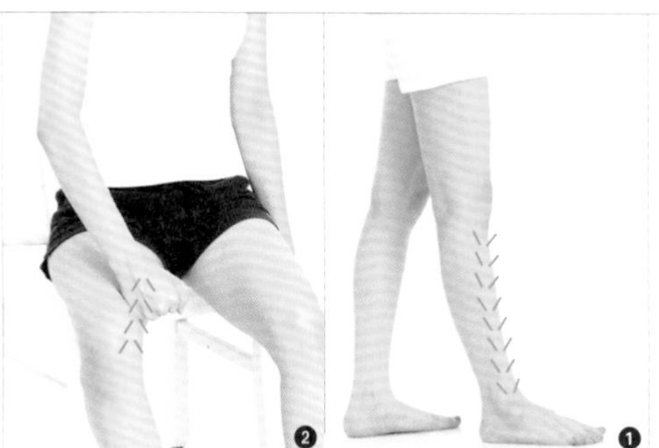

1. 以拳頭下緣敲打小腿外側（沿著脛骨邊）（往下敲）
2. 以拳頭下緣敲打大腿內側（往上敲）

氣滯血瘀腹痛按摩穴位

按壓兩手的虎口。

窄的體質，使得食物囤積在胃中過久，下達不了小腸繼續消化，就會產生許多沼氣瓦斯（體內濁氣），在腹部頻頻作怪，直要往上衝，此時也會引起噁心嘔吐，這些都是身體自我減輕症狀的生理機轉之一。

用拳頭下緣的肥肉，沿著大腿外側外三分之一的邊線，和小腿脛骨外側邊線往下敲打按摩，一直拍到腳踝爲止，每次每一腿至少拍打十～三十分鐘，敲打力量必須要能感覺到酸痛才有作用，也就不會再嘔吐。

打嗝不止

有時候吃東西吃得比較急，吃進許多空氣到肚子裡，或情緒緊張，就會引起打嗝不止，令人非常難過。此時不妨以大拇指用力掐「眉頭」（攢竹穴）幾次，可以有效制止膈肌痙攣。記得兩邊的眉頭都要壓，壓的時候要感覺到非常酸痛才有用。

拔牙後疼痛

一般拔牙後，較容易口臭難聞，但須記得六小時內不可漱口，二十四小時內不可刷牙，以免傷口惡化。此時牙齦或耳際常會持續一星期多的腫痛，使人無法好好吃睡，痛苦難當。對於西藥過敏或不適應西

嘔吐按摩方法

沿著大腿外側外三分之一的邊線，和小腿脛骨外側邊線敲打按摩，一直拍到腳踝為止。每邊拍打十至三十分鐘。

打嗝不止按摩穴位

以大拇指按摩攢竹穴。

藥的人，沒辦法服用消炎鎮痛藥，更是不知如何是好。此時不妨嘗試傳統中藥煎劑「甘露飲」早晚各一碗，連續喝三～五天，療效頗佳。

重口味引起的牙痛

假如您的牙痛不是因爲蛀牙引起，那多半是平日嗜食辛辣和重口味的食物，導致胃中積熱，口乾口臭，便秘，引起齒齦紅腫熱脹痛，其舌頭乾燥且有黃苔，脈搏跳得快又有力，此乃「胃火牙痛」。

重壓按摩兩手的虎口（合谷穴）、肘關節（曲池穴）、第二、三腳趾根交叉處（內庭穴，腳背上），及臉頰邊緣（耳珠前面的各個骨骼凹陷處），並喝苦瓜茶、決明子茶、現打葡萄柚汁、椰子汁等，來清胃瀉火。

肝機能失常

假如您經常想發脾氣，吃了油膩的食物，有無法消化的感覺；皮膚容易呈現不明原因的癢或腫、過敏，臉上逐漸出現難治的青春痘、黑斑；左右腹部肋骨邊有短暫抽痛；眼睛酸澀，有時不自主的感到暈眩，不太站得穩；或有胃脹、食慾不振、口乾、口臭、小便黃濁、大便不正常等現象，那意謂著「肝」出現問題了。

應減少外食的次數，避免吃到過量的油、鹽、添加物等；減少藥物的服用，除了醫師開立的處方，絕對不要多吃或亂吃自己以爲需要吃的

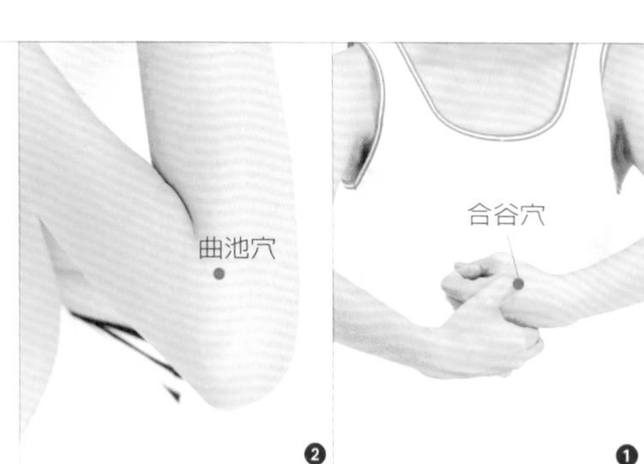

牙痛按摩穴位

1. **合谷穴**：按摩對側虎口
2. **曲池穴**：按摩肘橫紋與肘尖之間凹陷處
3. **內庭穴**：按摩腳背第二、三趾之間
4. **按摩臉頰邊緣**：耳珠前面的各個骨骼凹陷處

藥物與不明的健康食品；避免喝酒應酬、熬夜晚睡、工作過度勞力勞心及情緒激動等，以免肝臟負擔更形嚴重。

傳統醫學提到「酸者入肝」，故建議吃些「酸」的食物，如奇異果、草莓、酸梅、橄欖、檸檬、柳丁、醋等，因為酸的食物進入人體中，即轉成鹼性，不但可活化肝機能，也會中和體內疲勞的酸。另傳統醫學亦有「青者入肝」的說法，宜多吃「青綠色」的食物，如甜青椒、青花菜、橄欖菜、菊苣（萵苣）、香菜、地瓜葉、茼蒿、菠菜等，以營養肝臟的代謝。

此外，科學家研究發現，往往一杯新鮮果菜汁的營養和一點簡單的運動，可能遠比一整罐的維他命或健康食品，還來得豐富有用。

所以不妨早點回家，鬆開衣襪，暫時拋卻煩惱，快快樂樂吃頓晚餐，喝杯果菜汁，看個幽默文選或漫畫，然後在睡前練練「大功告成」氣功式。

肝機能失常氣功運動——
「大功告成」氣功式

呈大字型躺姿，吐氣時嘴巴、耳朵、手指頭、腳指頭用力張開十數秒。

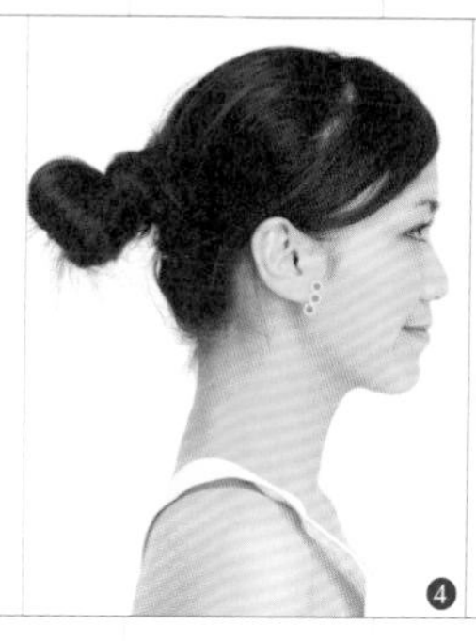

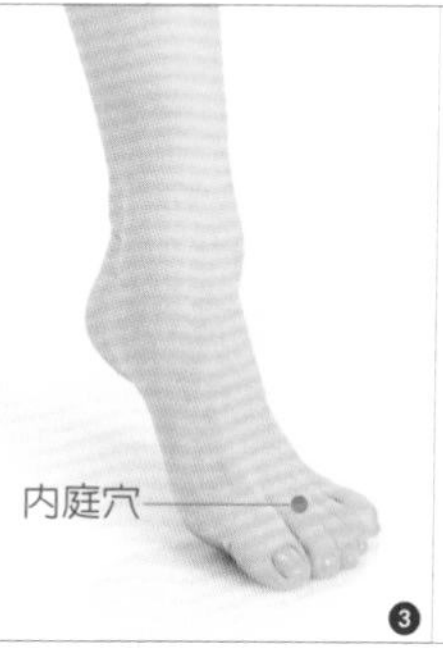

方法是躺在床上，雙手雙腳打開，像一個大字形，用力張開「嘴巴、耳朵、手指頭、腳指頭」十數秒，同時吐氣，放鬆時吸氣，重複幾次這個動作，就可釋放白天累積的壓力和鬱悶，睡得安穩舒服，肯定明天將會更有活力！

肝氣鬱結

如果常精神抑鬱，容易生氣發怒，兩脅下肋骨旁斷斷續續的刺痛，咽喉中似有異物阻塞，胸悶不舒服，喜歡嘆息，食慾不振又有脹氣，舌頭有薄白苔，脈搏緊緊的，像吉他的弦會刮手指肉，婦女常兼有月經不調、痛經等毛病。日子拖久了，舌色會變成紫暗，或有瘀點瘀斑，脅肋脹痛，甚至於形成腫瘤癌症，此乃「肝氣鬱結」。

找出心理壓抑的來源，減輕工作壓力，多看喜劇片、幽默文選、笑話漫畫等，多散步，晚上十點前上床睡覺，乃是首要的步驟。至於食療方面可常喝玫瑰花茶、蓮藕茶、枸杞菊花茶及紫蘇梅茶等。並應以拳頭下緣的肥肉，順勢敲打兩腳

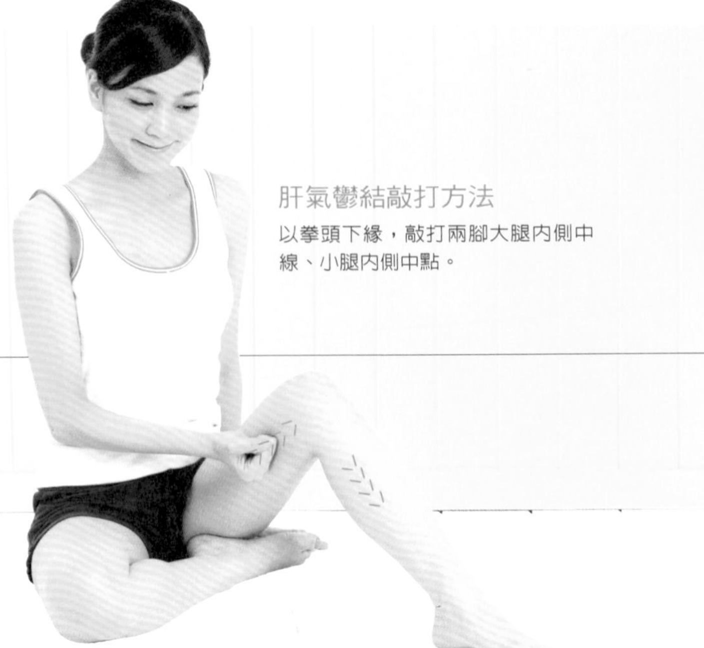

肝氣鬱結敲打方法

以拳頭下緣，敲打兩腳大腿內側中線、小腿內側中點。

肝氣鬱結按摩穴位

按摩腳背的第一、二趾上方交叉處。

大腿內側中線、小腿內側中點（靠脛骨內側緣）、第一、二腳趾根交叉處（腳背上）。拍打的強度以能感受酸痲脹痛爲原則，每天可多打幾遍，打完會覺得通體舒暢、眉開眼笑。

民間常用二兩的含羞草根，加水十碗，煮沸後再煮五分鐘，當茶喝，用來治療肝病。

醒酒與戒酒

喝酒後常會腦袋不清、喉嚨乾痛及體內煩熱，尤其宿醉後，隔日情緒多半大受影響。對於常常需要應酬的先生，賢慧的太太該怎麼辦呢？

(1)、可用幾個梨子，洗淨去心與籽，但「不削皮」，切成小塊，加一點點水，放進果汁機中打成果汁喝。因梨子味甘性寒，可潤肺理氣、化痰止嗽、降火涼心、消食解悶及解瘡毒、酒毒等。

(2)、多吃西瓜或喝現榨西瓜汁。西瓜味甘性寒，能解熱消煩、寬中下氣、止渴、利小便及解酒毒。

(3)、啃甘蔗或多喝現榨的甘蔗汁。甘蔗味甘性平，能生津解熱、助脾和中（幫助消化系統）、潤燥、通大小便及解酒毒。

(4)、多喝荸薺湯。荸薺味甘涼性寒滑，能開胃消食、清熱止渴及化痰益氣，故能醒酒解毒。

(5)、至果汁飲料店買石榴茶喝。石榴味酸澀微甘，能作用於肺、腎及大腸，能禦飢療渴、解醒止醉。

(6)、多吃橄欖。橄欖味酸甘性溫，能作用於肺及胃，生津止渴、開胃下氣、治咽喉疼痛及解海鮮中毒，喝酒後細細咀嚼，能解酒毒。

(7)、多口含酸梅或喝酸梅湯。酸梅味酸性平，能作用於肝、脾、肺及大腸，生津止渴、斂肺止嘔及活化肝臟，使膽囊收縮，促進膽汁分泌，可用來解酒。

⑻、多吃桑椹。《隨息居飲食譜》一書說，桑椹味甘性寒，能滋肝腎、充血液、止消渴、去風濕、利關節、解酒毒、聰耳明目及安魂鎮魄。

⑼、多吃生蘿蔔或喝生蘿蔔汁。蘿蔔味甘性辛，能順氣化痰、利大小便、止渴、散瘀消食（幫助消化）及解毒醒酒。

⑽、多吃菠菜。菠菜味甘性冷滑，能活血、通胃潤腸、調氣開胸膈、止煩渴及解酒濕熱毒。

⑾、多吃白菜。白菜味甘性溫，能寬胸除煩、通暢腸胃及解酒消食。

⑿、多喝蓮藕湯、蓮藕茶。蓮藕味甘性涼，可作用在肝、心、脾及胃，能祛瘀血生新血，養胃滋陰，解渴醒酒。

⒀、多吃黑豆。黑豆味甘性平，能明目解毒、祛風除熱、活血調氣及利大小便。

⒁、多吃白扁豆。白扁豆味甘性平，能消暑解毒、補脾和胃、除濕止瀉及治酒醉嘔吐。

⒂、多喝綠豆湯。綠豆味甘性寒，作用於肝、心及胃，能清熱解毒、消暑止渴及利水消腫。

以上各個食物除了能醒酒之外，對於想「戒酒」的人，多吃這些食品，肯定可以逐漸清除體內累積的酒毒，減少酒癮的發生。

倘若再配合針灸療法，如在耳朵上使用貼穴（貼王不留行植物種子、磁珠、針

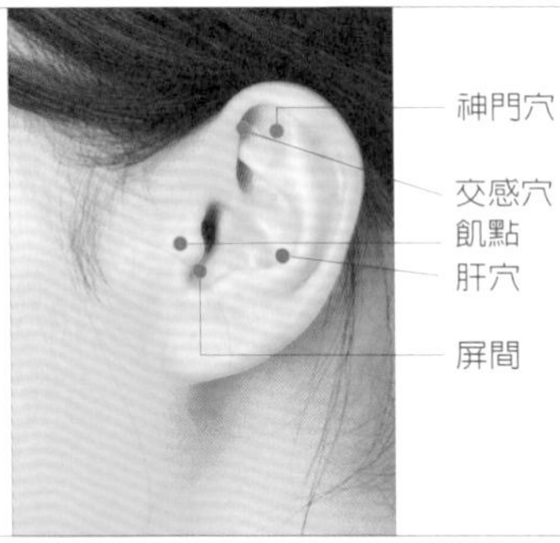

神門穴
交感穴
飢點
肝穴
屏間

醒酒與戒酒按摩穴位

神門穴：三角凹窩的外三分之一處

交感穴：對耳輪下角的末端（在凹縫裡面）

肝穴：耳輪腳對面的對耳輪內壁上

屏間（內分泌）：耳甲腔底部，屏間切邊內

飢點：耳屏前緣

灸絆、仁丹等），以求三～五天長時效之作用，像取用神門穴（鎮定心神）、交感穴（安定神經系統）、肝穴（活化肝臟）、腎穴（利尿解毒）、屏間（內分泌）、飢點（抑制食慾）等，效果更佳。

膽固醇過高

現代人一聽到膽固醇過高，就開始擔心中風、心臟病或高血壓等疾病上身。事實上，大多數的人並非營養過剩，而是偏食居多。

有的人怕胖，盡量不吃肉類及硬果種子類食物（核桃、松子、栗子、瓜子等）結果體內的膽固醇「不夠」身體的運作所需，而導致許多問題，如四肢無力、精神疲勞、懶惰、容易引起過敏、無法使白血球旺盛與無法有效抑制淋巴系統過旺（易發生腫瘤）、大小腦之傳導變得有問題（如中年年紀，剛做過的事卻馬上就忘掉）及男女性荷爾蒙不正常（不孕、痘多、月經不順等），這些都是長期膽固醇不足所造成的，因為大部份的人只注意膽固醇太多，而比較忽略不夠。

另外，有的人吃肉的時候不敢吃皮（魚皮、豬皮、雞鴨皮等），反而造成膽固醇過高，因為瘦肉及肉湯才是膽固醇含量最高的地方，動物的皮都含有去膽固醇的成份（如卵磷脂），尤其像魚的皮含有很高的EPA成份，去膽固醇的力量最佳，其中又以鯊魚皮的作用最強，建議膽固醇高的人多吃蒸的魚（勿吃烤的、炸的魚，以免又吃進太多的油脂），很多小吃店都有賣燙熟的鯊魚，配著薑絲吃，有益健康。

總之，膽固醇過高時，體內的肝臟會調節分泌膽汁來排除，因此一方面除了注意膽固醇之不足或太高，另一方面則要善待肝，盡量不要晚睡、熬夜、生氣及壓抑過大，才是保健之道。

常見疾病自我護理

腰、腎、關節相關疾病

吳醫師小叮嚀

久坐，每隔一小時應伸伸懶腰，站起來活動一下；久站，每隔半小時應左右搖一下臀髖，轉轉腳踝，將重心平均放在兩腳，勿站三七步，避免脊椎歪斜。

腰酸背痛

腰酸背痛可說是現代人最常見的病痛，可能的原因多半是久坐、久站、長期彎腰工作、感冒風邪束縛背部循環、扭傷、常常睡在地上造成體內潮濕所引起，或過度勞累、運動太過、長骨刺、坐骨神經痛等。

現代醫學認為腰痛原因多為椎間盤突出、腰部筋膜炎、骨質疏鬆、肌肉疲勞、腸胃炎、子宮發炎、內臟下垂、腫瘤等引起，常用鎮痛消炎藥、筋肉鬆弛劑、維他命劑及物理治療來改善。

傳統醫學一般將腰痛分為四類：⑴、寒濕腰痛（陰雨天發作更甚、腰冷如冰等）；⑵、濕熱腰痛（煩躁、口渴、便秘等）；⑶、血瘀腰痛（不能俯仰、痛如刀割）；⑷、腎虛腰痛（酸軟無力、悠悠痛不止）等，然後再對症下藥或食療。像寒濕腰痛宜常吃麻油炒豬腰、薏仁湯，濕熱腰痛可多吃黑豆、地瓜葉，血瘀腰痛可多吃三七葉、蓮藕湯，腎虛腰痛則不妨常吃芝麻糊、糖炒栗子等。另外可多按摩膝蓋正後面及尾椎周圍，來改善腰部的循環。

晨起腰痛

天氣變冷時，腰部常常覺得冰冷，頻尿且尿量大，早上起床腰特別沉重，等稍稍活動一下後，才覺得比較舒服。

可能形成的原因爲經常睡在地上（打地鋪）或直接將彈簧床墊鋪在地上睡，或長久住在潮濕的山邊、水邊，這些都是傳統醫學所謂的「久臥濕地」。

解決之道每晚睡前可用兩手的手掌上下擦熱左右後腰，每次需擦六十下以上，以加強腎功能和水分的代謝，然後再用一條長且寬的絲巾圍在腰際，或購買成人用的肚兜（少數百貨商店有售日製成人肚兜，又輕又暖），保暖腰部，隔日起來就會覺得輕鬆多了。

急性腰扭傷

如果不愼摔倒而扭傷腰部，感覺腰部的正中很痛很緊，甚至沒辦法自己站起來，倘若又是自己一個人，根本無法移動，這時候該怎麼辦？

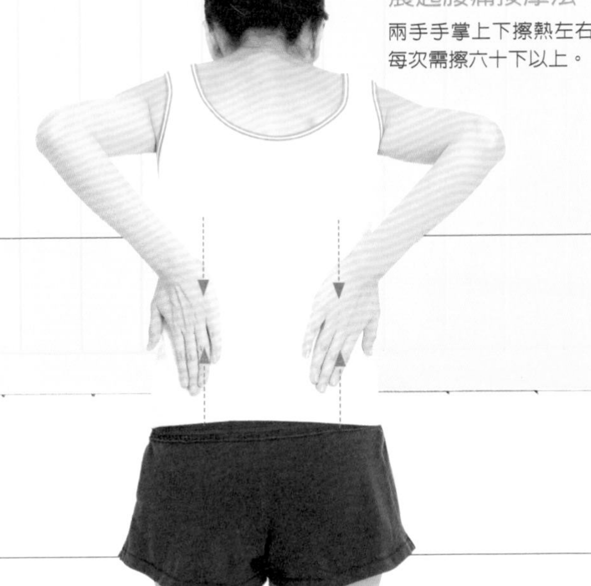

晨起腰痛按摩法

兩手手掌上下擦熱左右後腰，每次需擦六十下以上。

急性腰扭傷按摩穴位

人中穴鼻子正下方與嘴唇之間，鼻下三分之一處。

可以用自己的大拇指用力掐「人中穴」（鼻子正下方與嘴唇之間上三分之一處）幾次，即可緩和疼痛，再慢慢移到電話旁去求救或就醫。

肺腎氣虛

假如常常氣喘噓噓，呼出去的多，吸進來的少，隨便一動（比如做家事）就喘得更厲害，發出的聲音很低且氣怯；臉色灰灰的，時常出汗，手腳冰冷，咳嗽的時候常會擠出尿來，舌體淡淡的紅，舌苔薄薄的，脈搏跳動虛弱，此乃「肺腎氣虛」。

應當常吃能補氣滋腎的食物，如人參烏骨雞湯、白木耳百合蓮子湯、黃耆、糖炒栗子、枸杞子、銀杏百合湯、杏仁茶、燕麥粥、紅燒海參、山藥排骨湯、蜜糯米蓮藕、八寶粥等，並在每天晚上請家人幫您按摩背心（兩肩胛骨中間的脊椎部份）及左右兩腰的部位半小時以上，持續幾星期後定能獲得明顯的改善。

腎氣不固

假如時常腰膝痠軟無力，小便頻繁且清白，有時尿後仍有數滴尿不乾淨，或者半夜尿床，甚至於幾乎無法控制排尿，舌頭顏色淡有白苔，滑精早洩（男子），白帶多而清冷（婦女），脈搏細弱者，此乃「腎氣不固」。

肺腎氣虛按摩穴位

按摩上背心（兩肩胛骨中間的脊椎部份）及左右兩腰，持續半小時以上。

應常吃能暖身、補腎氣的食物，如糖炒栗子、栗子粥、胡椒餅、咖哩飯、白果炒青椒、蔥油餅、韮菜餃子、茴香餃子、大頭菜湯等，並常按摩後腰心（肚臍正後面腰部中央）、尾椎及兩腳內踝周圍。

關節風濕疼痛

因爲枸杞有補腎益精及養肝明目的作用，平日大家總喜歡將枸杞子與其他中藥如黃耆、麥冬等泡來喝，或乾脆生吃；也常用枸杞的根（藥名地骨皮）熬水變成地骨露，此也是古早的清涼退火飲料。

但您可能不知道連枸杞的枝葉，也有很大的妙用，用手抓一大把枸杞枝葉（可在青草店買到），放在家中最大的鍋中燒開後，再用小火煮十分鐘，洗澡後經常拿來按摩關節周圍和全身各處，可以減少關節風濕疼痛、滋潤皮膚及幫助睡眠。

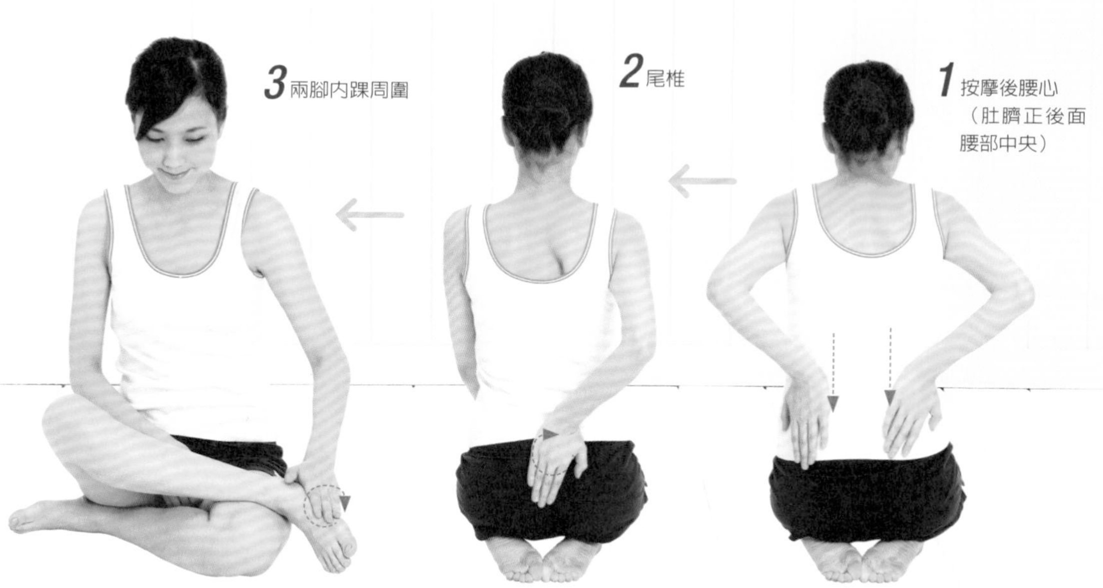

小腿抽筋

許多婦女朋友在半夜睡覺睡到一半時，有時突然得跳起來，站在床邊好一會兒，小腿抽筋的症狀才會緩和下來。可是這樣一來睡意全消，再想入睡就難上加難。

假如常有這種現象的人，除了在晚餐要多吃些玉米湯、馬鈴薯、青菜豆腐湯、綠花椰菜及烤黑豆補充鈣質外，平時多運動腿部，用左腳站立，右腳背拍打左腳後面的小腿肚二十次；然後再用右腳站立，以左腳背拍打右小腿肚二十次。

腳踝扭傷腫脹

女性穿著高跟鞋上班，學生打籃球、足球等，一不注意很容易就扭傷腳踝，常常一個腳腫得像「紅龜粿」（台語）一樣。假如在就醫之後，雖已經上過消炎鎮痛藥、石膏療法、草藥膏貼劑或藥酒推拿等等處理，腫脹的情形還是一樣的話，甚至於一整個星期都無法順利行走，就會感到非常不方便。

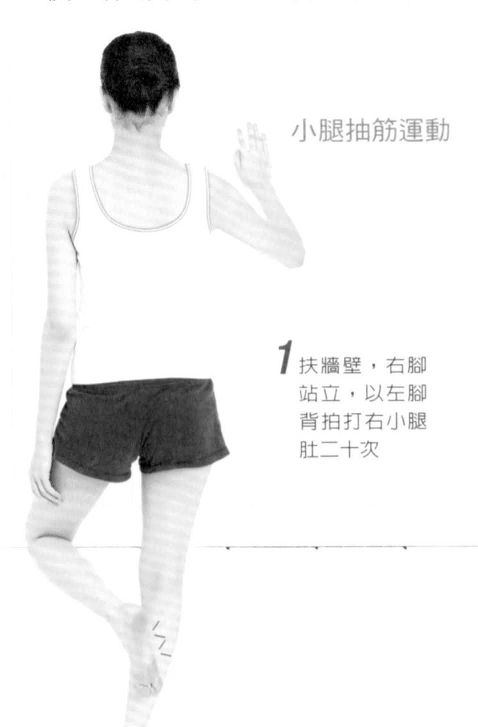

小腿抽筋運動

1 扶牆壁，右腳站立，以左腳背拍打右小腿肚二十次

2 扶牆壁，左腳站立，以右腳背拍打右小腿肚二十次

此時不妨採取傳統醫學中的「放血療法」，至西藥房購買採血片、乾棉球及消毒棉片，將腳大拇指趾甲及腳末二個趾甲的外側邊，以消毒棉片消毒乾淨，再用採血片在皮膚的淺層各搓一下，搓後立即擠出三滴血，以乾棉球擦掉，這樣一來裡頭瘀積的邪熱（腫脹發炎的能量），就會隨著這幾個穴道宣洩而出，很快就可以恢復行走。

足跟痛

如果某天早上醒過來下床的時候，突然一陣踉蹌，覺得足跟一碰到地就莫名其妙的痛，但是活動一下好像又沒事了；或者足跟經常隱隱作痛，可是又沒扭到腳踝，在傳統醫學上認爲這個問題是由「腎虛」所引起。由於腎臟的經絡是由足底經由足內踝，沿著小腿、大腿內側上達腎臟和膀胱，所以腎虛時常會足跟痛。

可多吃黑色食物（能入腎作用），如黑芝麻、黑豆、烏參、杜仲茶、燒仙草、海帶等，並常常用手指頭掐自己的鼻尖（素髎穴）、兩手腕橫紋中點（手腕內側面，大陵穴），慢慢足跟就不會再痛了。

足跟痛按摩穴位

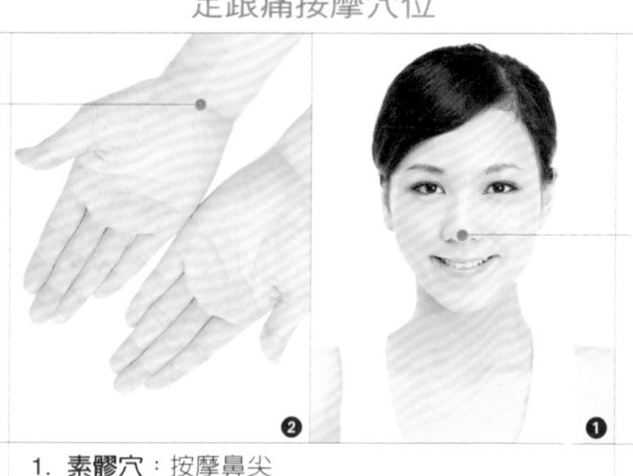

1. **素髎穴**：按摩鼻尖
2. **大陵穴**：按摩兩手腕橫紋中點

腳踝扭傷腫脹的放血療法

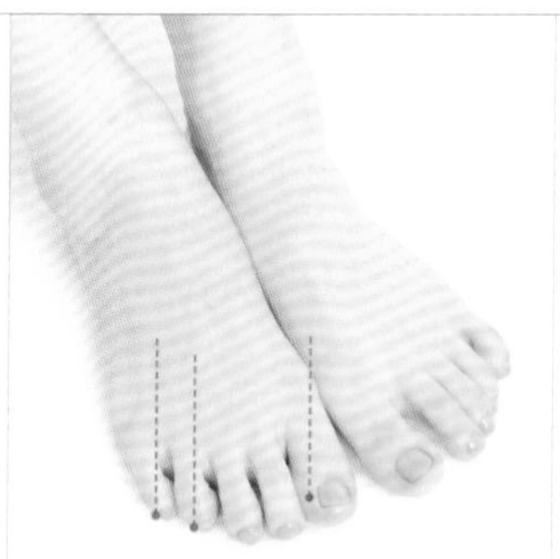

在大拇指趾甲及腳末二個趾甲的外側，以採血片淺刺出三滴血。

常見疾病自我護理

泌尿相關疾病

吳醫師小叮嚀

當你坐著時，左右掌相疊，用五指尖上下按摩搓熱「生殖器上方區域」數分鐘，並常常在傍晚時蹲三至五分鐘馬步，將來就不會有泌尿疾病的問題。

八髎穴

頻尿按摩穴位

頻尿、排尿不順與膀胱無力者可按摩脊椎最下方尾椎周圍的八髎穴。

頻尿、排尿不順、膀胱無力

頻尿、排尿不順與膀胱無力等問題較常發生在老年人、久咳氣虛、孕婦、產後、體質虛寒的人身上，現代醫學認爲可能原因爲時常憋尿、神經衰弱、緊張、下腹部或尾椎周圍受過創傷、細菌感染及遺傳因素等所引起。

傳統醫學則認爲水分的代謝除了腎臟以外，又與脾肺有莫大關連，因爲脾主運化，可把體內多餘的水分蒐集，經由腎排出。肺主皮毛，主控皮膚的代謝功能，能調節汗液。因此如果把虛弱的肺、脾及腎旺盛起來，即可解決惱人的找廁所問題。

現代職業婦女由於工作的關係，常需超時工作，往往忙碌起來鮮有輕鬆上廁所的時間，導致膀胱緊張失常，不是頻尿，就是尿得點點滴滴不乾脆，令人煩不勝煩。

除了就醫及調整工作方式之外，不妨在每晚睡覺前，按摩自己脊椎最下方的尾椎周圍（有八個針灸常用的八髎穴），至少十分鐘以上，使之發熱，正常膀胱機能。

尿尿時泡泡很多

尿尿時有很多泡泡，許多人不在意，其實這可能已有「蛋白尿」的現象，意思是說其腎臟不能完整處理尿液，以致體內的蛋白質逐漸隨尿液流失。形成原因大多是腎變病、膀胱發炎；身材瘦長，脊椎過分前彎，起立時壓迫通向腎臟的血管；自律神經失調；運動太激烈；身體處在寒冷的環境過久，而發生情形最多的是身體疲勞缺氧，體內的酸與二氧化碳累積過多，使得腎臟超出負荷。

建議夜間睡眠要充足，並午睡半小時，多做腹式深呼吸（鼻子緩緩吸氣時，肚子慢慢脹大；鼻子緩緩吐氣時，肚子慢慢縮小）以提供更多的氧氣，消除疲勞。

腹式深呼吸

1. 鼻子緩緩吸氣時，肚子慢慢脹大
2. 鼻子緩緩吐氣時，肚子慢慢縮小

尿酸高

吃太好、喝的多、運動太少，是罹患高尿酸的主因。但另一個重要原因乃是因爲循環不良（氧氣不足）所引起。氧不足就無法提供足夠的能源，使得體內所產生的廢物，在轉化過程當中，無法順利轉成尿液排出體外，導致尿酸大量蓄積於血液中，甚至於結晶滯留於關節等成爲痛風。

徹底解決之道，需在每日晨起、睡前，做五分鐘柔軟體操，或練習調整呼吸的動作，如達摩易筋經、香功、八段錦及太極拳等，以促進全身上百萬條的微細血管通暢。

尿毒症

尿毒症患者因洗腎時，鈉離子常被排除掉，因此不太容易流汗代謝廢物，其體內經常缺氧，致使二氧化碳累積太多，造成容易喘的現象，稍微做一點家事就覺得累得半死。傳統醫學稱此爲腎不納氣、水剋火（腎為水，心為火），換句話說腎功能異常時，常會影響心血管之循環，應多學習氣功吐納的方法，增加深層的氧氣吸收，以加強心肺功能。

由於魚蟹海鮮類大都爲異性蛋白質，欲消化分解它，需要大量的氧氣來代謝，但是尿毒症患者本身已缺氧嚴重，吃了只有加重負擔而已，故不宜吃腥味重及發酵性的食物。尿毒症患者欲輕鬆地吸收蛋白質，可吃豬肉（肉鬆）或雞肉，因爲它們爲精緻蛋白質，消化分解時較不需要氧氣。

另外，尿毒症患者要特別注意能「適合」自己體質的補血食物，如黑芝麻飯、髮菜三絲羹、葡萄（葡萄乾；現打葡萄汁馬上喝）、梨、蘋果、小米粥、蜂蜜、新鮮龍眼（洗淨，勿去殼，鹽水浸二小時後，瀝乾連殼再放進冰箱二小時，以去火性）、冬瓜排骨湯、蓮藕排骨湯、大蒜雞湯（大蒜塞雞腹燉）、紅棗桂圓粥、黃耆當歸湯（黄耆的份量為當歸的五倍，如黄耆用一兩，當歸就用二錢，加水五碗煮成二碗，早晚空腹喝）、動物的肝腎（

如豬肝湯、炒腰花）等，因爲，只要一貧血（血紅素在九以下），身體衰弱得很快，通常癒後情形都不佳。

慢性攝護腺炎

中老年男性朋友最常見的攝護腺疾病是慢性攝護腺炎。多數的患者會有不同程度的排尿不適如尿急、頻尿、尿道刺激感、尿道白色分泌物等，部份的人會發生伴有反反覆覆的下背痛、鼠蹊部、陰囊或會陰部疼痛等症狀。常因惱人的症狀而導致性功能障礙，且由於排尿、勃起或射精時常有尿道和陰莖的不舒服感，患者容易誤以爲自己罹患了性病。

西醫對慢性攝護腺炎的處理大多給予的抗生素、止痛劑、軟便劑、交感神經阻斷劑等，以控制發炎，緩解症狀。然而攝護腺爲深部器官，另有血液——攝護腺屏障，藥物不容易進入攝護腺內，藥物的作用無法完全直達病所，常需要服藥一段較長時間，台北市知名的泌尿科診所醫師曾私下透露藥物效果不佳，反而認爲此症用「遠紅線治療儀」來治療效果較好。

此病中醫歸屬於白濁、膏淋、精濁、癃閉的範圍，其病因主要乃濕熱濁邪蘊結下焦，波及精室，加上腎氣虛弱，下元不固，三焦氣化不利，導致氣血瘀阻不暢而發病。治療原則是以利濕、清熱、化瘀、活血、補腎爲基本原則。

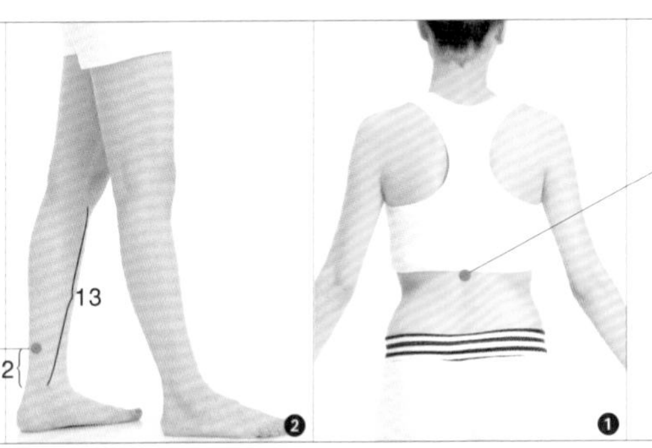

慢性攝護腺炎按摩穴位

1. **命門穴**：在後腰第二腰椎下緣，約肚臍正後方。
2. **復溜穴**：在小腿內側2/13處後緣。
3. **行間穴**：第一、二趾縫上緣
4. **中極穴**：在下腹接近，肚臍與尺骨聯合中點的4/5處。

臨床上清熱利濕常用方劑有八正散、五淋散、導赤散加減。活血化瘀通常用桂枝茯苓丸、當歸芍藥散、失笑散加減。補腎須分腎陰虛和腎陽虛來論治。腎陰虛是以滋腎陰，瀉相火為主，常以知柏地黃丸加減。腎陽虛則以溫補腎陽，化氣利水為主，通常用桂附八味地黃丸加減。

患者應養成規律的生活起居，避免晚睡熬夜，致使腎氣更加衰敗，並減少吃辛辣食物、飲酒，同時又猛灌冰飲解熱的飲食方式，以免造成更濕熱的體質。並建議患者可常敲打或按摩命門穴（補腎氣，在後腰第二腰椎下緣，約肚臍正後方）、復溜穴（利尿、解毒，在小腿內側2/13處後緣）、行間穴（清肝解熱，在第一、二趾縫上緣）、中極穴（調攝護腺與膀胱，在下腹接近，肚臍與恥骨聯合中點的4/5處）。每天三次，每次每穴位三至五分鐘。此外，可常做「鶴立雞群」的運動，學白鶴以單腳站立，每次五至十分鐘，每日二次，左右腳互換練習，可加強攝護腺及其周圍組織的功能。

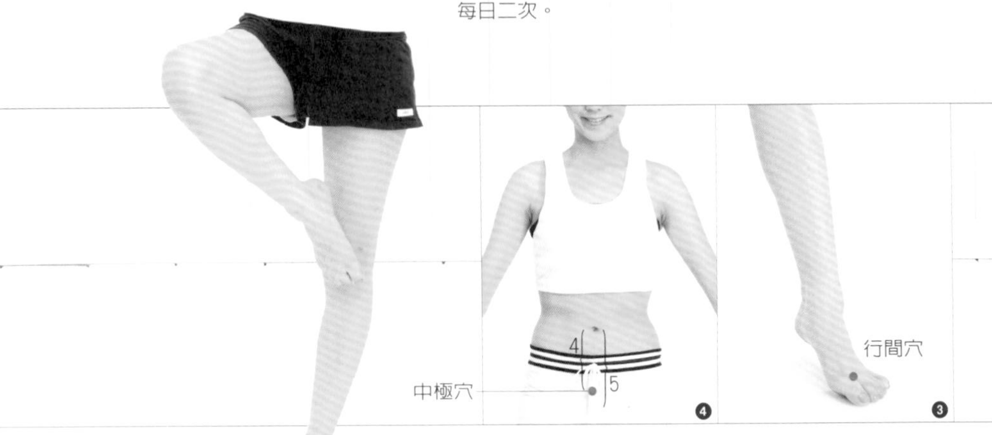

「鶴立雞群」氣功運動

以單腳站立，每次五至十分鐘，每日二次。

常見疾病自我護理

身心(精神)相關疾病

吳醫師小叮嚀

事事不斤斤計較，忘掉人家對你的不好，忘掉所有埋藏在心底深處的恨與不滿，時時默默行善，自然能夜夜好眠。

頭痛引起的失眠

假如失眠是由於常常頭痛、頭昏、多夢、精神不安及腦血管意外之後遺症所引起，除了就醫之外，可請家人時常幫您按摩「百會穴」及經外奇穴「四神聰」，就可逐漸睡得安穩。

百會穴的取法是前髮際到後髮際正中央線的十二分之七的地方，約兩耳尖（耳朵對折後的最高點）在頭頂心連線的中點，也就是說大約在頭頂最中央的部份。而四神聰則是距離百會穴的上下左右，約病人自己一個大拇指寬的地方，共四個穴位。

頭痛失眠按摩穴位

百會穴：頭部正中線上，約當兩側耳肩連線上中點。

四神聰穴：距離百會穴前後左右各一拇指寬處，四個穴位。

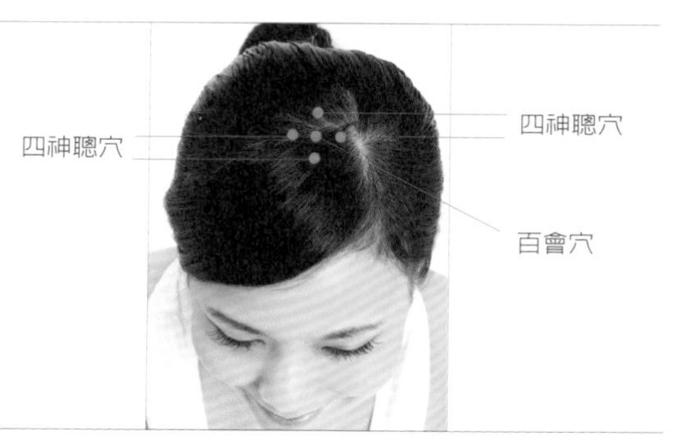

失眠

許多上班族忙碌一整天，下了班在外頭隨便吃個晚餐，一回到家的習慣，一定是將懶散的身軀往沙發一「癱」，然後打開電視，一直看到半夜，直到感覺時間太晚了，才心不甘情不願地去洗澡，最後是拖著一身的疲憊上床睡覺。等到一上了床，腦筋裡盡是電視裡的劇情和人物，無法馬上睡著，翻來覆去，折騰了半天，彷彿惡夢連連，好不容易下意識裡覺得才迷迷糊糊睡著沒多久，怎麼鬧鐘又響了，又得趕去上班。

這樣的惡性循環之下，睡眠品質實在很差，等於每晚在戕害自己的身體而不自覺。長此下去，日子拖久了，變成需要吃安眠藥方能入睡，到最後劑量愈吃愈重，健康情形也就愈來愈差。

建議下班後，少看電視，先輕鬆的洗個澡，再吃晚餐，然後到公園散步半小時，慢慢就可以好夢連連。

落枕

我們常因長期的壓力，使得肩頸部僵硬血液循環不佳，加上睡姿不良，枕頭太高、太低，或冷氣、電風扇直吹，結果早晨起床時，突然發覺脖子無法轉動，只要一動就痛得要命，想向左右看時，得把身體跟著左右轉，動作很滑稽，那就是得到「落枕」了。

若只是一邊疼痛，趕緊用力壓對側的虎口及腳底大姆趾根部；若兩

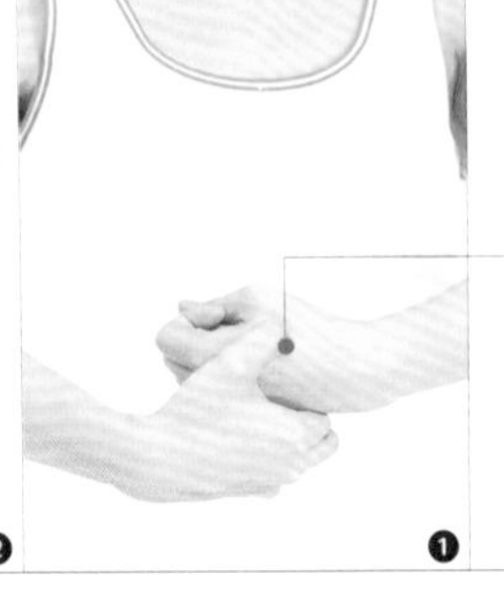

落枕按摩方法

1. **合谷穴**：按壓對側虎口（如左頸痛按右手虎口）
2. 按壓腳底大姆趾根部

邊都轉動困難，則兩側都要按摩，按壓時頸部同時慢慢轉動，幾次以後就可減輕大半。

頸部痠痛緊張

頸部曾經打傷、摔傷或椎間盤脫出、長骨刺或長期伏案寫字打電腦等，常會造成頸部緊張疼痛，甚至於肩膀或手臂的痠痛、麻木或刺痛感，非常不舒服。除了就醫服藥以外，可以用一個簡單的動作「抱頭偕老」減輕疼痛，幫助痊癒。

方法是先將身體躺下，雙腳併攏，腳尖儘量往下壓，雙手手指交叉抱在後腦，然後抱頭向前挺高，眼睛凝視腳尖，把全身力量集中在抱頭與腳尖的平衡拉鋸戰上，注意背部、腰部和大小腿都不離地，保持此姿勢三至五分鐘，此時會感到整個頸部被「作用」得很舒服。

倘若在晨起尚未起身，及睡前尚未睡著時，在床上各做一次，不僅方便有效，又可暢通鼻腔，消除疲勞。

頸部痠痛緊張氣功運動

「抱頭偕老」氣功式：雙手抱頭上仰，雙腳尖向下壓，維持三～五分鐘。

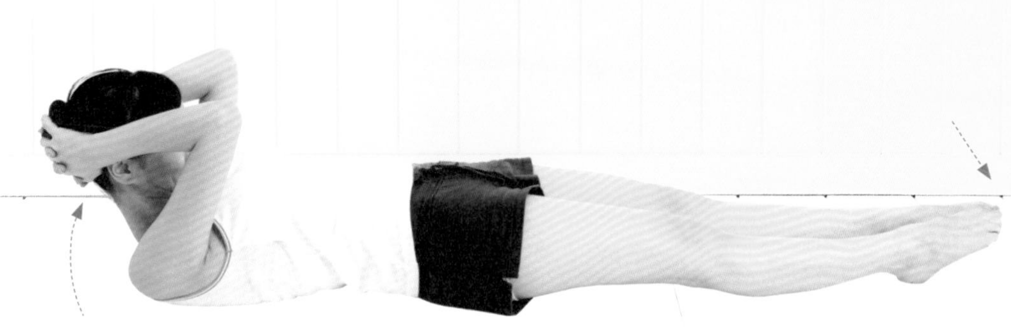

肩膀僵硬

壓力、生悶氣及低落感易使血管收縮太過，加上久坐不動或久站，長時間都保持著相同姿勢，導致血液循環不佳，引起肩膀僵硬、足冷、皮膚常有莫名的瘀青、靜脈曲張等毛病。

應多吃魚類與貝類，如鮭魚、沙丁魚、丁香魚、鯊魚、干貝、蛤蜊、九孔、鮑魚等，因爲牠們都有擴張末梢血管的作用。並且多做伸展運動，如打哈欠的「伸懶腰」動作，一方面能吸收更多的氧氣，一方面能鬆開緊繃的脊椎，消除累積的疲勞，有益健康。

肩頸腰背痠痛

長途開車或久坐辦公時，常會肩頸僵硬及腰痠背痛，但這時候我們還在開車或上班怎麼辦？

可利用多次「聳肩」及「腹式深呼吸」（鼻子緩緩吸氣時，肚子同時緩緩脹大；鼻子慢慢吐氣時，肚子慢慢縮小）來減輕痠痛。聳肩可以緩和肩頸之間斜方肌的緊張，腹式深呼吸則可以緩和腹肌、骼腰

肌及腰大肌等肌肉的緊張，得以消除疲勞。不妨多練幾次，使得開車更安全或上班更有精神。

精神不濟時

當極度疲勞又非得工作，或讀書準備考試時，該怎麼辦呢？假如喝市售提神飲料，又怕其中所含咖啡因等添加物的副作用，會影響肝腎功能，對身體不好；喝人參茶又怕太燥熱；喝雞精又怕胖。

這時候不妨舉高左手，以右拳的側面（大拇指與食指結合的圓圈面）輕輕拍打腋窩六十下，因爲在腋窩正中有極泉穴，左右各一個，屬手少陰心經，能振奮精神，及促進心臟循環系統的作用，拍打時以「微感疼痛」爲原則。然後再以左拳拍打右腋窩六十下，精神必可爲之一振。

心脾兩虛

假如有人在背後突然叫住您，常會因此而嚇一大跳；睡覺時往往沒有安全感而膽顫心驚，惡

精神不濟時運動

「拳打腋下」氣功式：以拳頭的側面（大拇指與食指結合的圓圈面）輕輕拍打腋窩正中間的極泉穴，左右各六十下。

夢連連，容易健忘；脈搏跳動細弱，胸口老是一口氣吸不足，每個月偶爾二～三次小刺痛，手覺得麻麻的；又時常腹脹、食慾不好、便溏（大便水水的）及月經不調，此乃「心脾兩虛」。

可以用左手以逆時鐘方向按摩膻中穴（胸口、兩乳之間的中點位置），右手則同時按摩下腹部（躺下來做更舒服），按摩時要用五指的指腹肉，以繞圓圈方式（順時鐘方向）進行一百次或半小時的按摩來改善。

每晚睡前躺下來做不但感覺會很舒服，幾天以後亦可感覺不再拉肚子，心臟也舒服很多。這個「上下其手」的自我健身功夫，可以很快的強壯身體，一輩子都可以練。

心腎不交

倘若您常常心煩、心跳不太規律、失眠、盜汗（晚上睡覺時出汗多）、頭暈耳鳴、喉嚨乾、腰痠，或夢遺（睡覺時射精），或時常有重複的低燒、舌體紅、舌苔少、脈搏細細的但跳得很快，

心脾兩虛按摩方法

用左手以逆時鐘方向按摩膻中穴，
右手同時以順時鐘方向按摩下腹部。

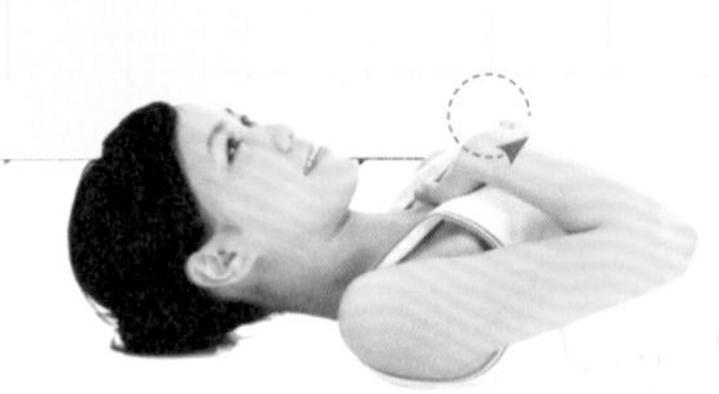

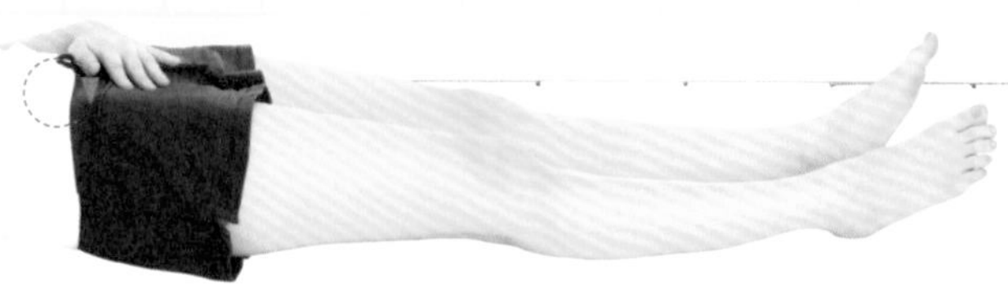

此乃「心腎不交」。

可光腳踩地，微微的半蹲，「左手掌」貼著「後腰心」（肚臍正後方），「右手」同時不斷地按摩「後腦袋」，使後腦發熱，每晚五分鐘左右，可調勻心腎的氣血循環，使頭腰輕鬆、容易入睡。

接著坐在椅子上，平踩在地上，最好光著雙腳，以通地氣。通地氣的意思就是連接地球的磁場，可把心火往下導引，迅速減輕症狀，就好比我們的冰箱、洗衣機需要接地線，把多餘的電往地上導引，以免人體觸到電的道理一樣。如果人在樓上，一樣光腳踩在樓上的地板上，也是一樣可以通地氣。

然後，同時用兩手去拉兩邊耳朵的「耳垂」部位，並以嘴巴緩緩「吐氣」；再以兩手去拉兩邊耳朵的「耳尖」部位，同時以鼻子緩緩「吸氣」；拉耳垂、耳尖須重複做五次以上。拉耳垂、耳尖乃「調勻」心腎的氣血循環，使頭目清明、容易入睡。

心腎不交氣功運動

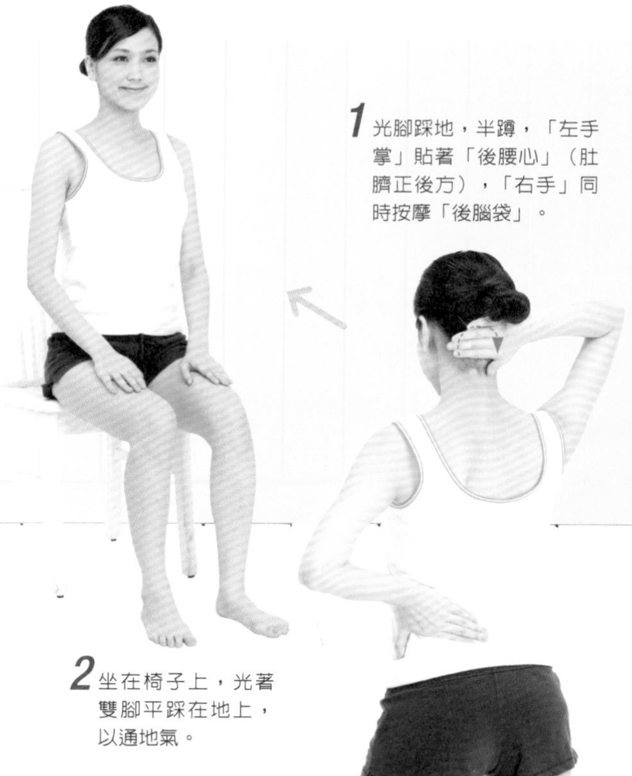

1 光腳踩地，半蹲，「左手掌」貼著「後腰心」（肚臍正後方），「右手」同時按摩「後腦袋」。

2 坐在椅子上，光著雙腳平踩在地上，以通地氣。

3 拉耳垂吐氣，拉耳尖吸氣，重複五次以上。

常見疾病自我護理

其他相關疾病

吳醫師小叮嚀

躺在床上，睡不著之前，將全身每一吋肌膚、每一個關節都按摩一遍，每天都做，持之以恆，自然而然大病化小、小病變無。

甲狀腺異常

許多婦女因爲家庭生活不快樂，有的是丈夫事業太忙碌；有的是丈夫有外遇；這些情況造成做太太的因長期生氣，導致有一股悶氣梗在胸喉之間。加上工作壓力大，日子久了就容易引起甲狀腺亢奮或分泌不足，不但時常心悸、發抖、疲勞或沒力氣，心情也無法開朗起來。

此時應用大拇指用力掐按「天突穴」，其穴道位於前面脖子最下方的凹窩（低頭下巴碰到頸根之處，針灸解剖位置為在頸部當前正中線上，胸骨上窩中央。）常壓此穴可使甲狀腺對碘的吸收和利用能力提高，使肥大部份縮小及基礎代謝異常的症狀減少，使生活漸漸恢復正常。

甲狀腺異常按摩穴位

天突穴：位於前面脖子最下方的凹窩。

中風失語

中風的後遺症除了肢體不順外，常會有言語遲鈍或無法說話的現象，除了就醫之外，家人可幫忙按摩廉泉（喉結上緣凹陷處）、天容（頸側，耳垂正下方約兩個大拇指寬處，靠近面頰下頷骨，左右各一穴）、內關（腕橫紋內側中點直上三指寬處）、通里（腕橫紋內側尾直上一大拇指寬處，與小指同一側）、照海（腳內踝直下方凹陷處）、風府（後髮際正中直上一個大拇指寬處）、啞門（後髮際正中點上方，約半個大拇指寬處，後腦枕骨正下方）、風池（耳垂與風府穴間大凹陷處）及翳風（耳垂正後方凹陷處，左右各一穴）等穴道來改善。每個穴道宜以手指頭用力按壓五次，每次壓三十秒，每天早晚至少各壓一回。

中風失語按摩穴位

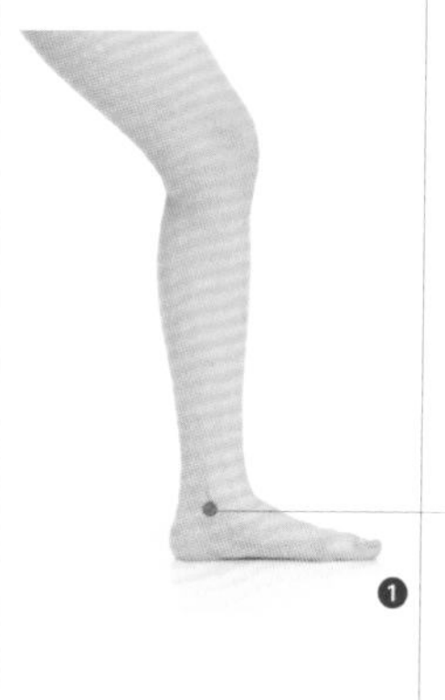

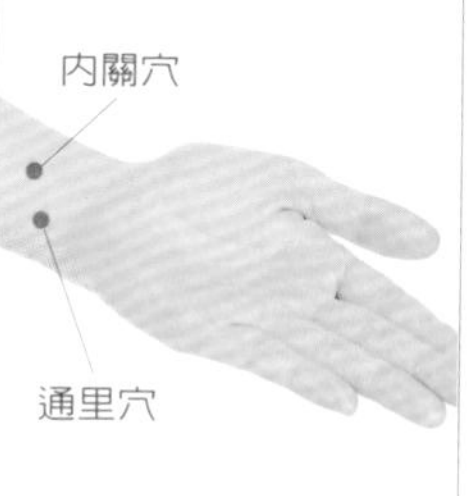

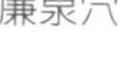

中風失語按摩穴位

1. **照海穴**：腳內踝尖下緣凹處。
2. **通里穴**：仰掌，腕橫紋上一拇指寬處，與小指同側，左右各一。
   內關穴：腕橫紋往上三橫指寬中點處。
3. **天容穴**：在下頷角後方，胸鎖乳突肌的前緣凹陷中。
   廉泉穴：在喉結上方，舌骨上緣凹陷中。
4. **風池穴**：耳垂與風府穴間大凹陷處。
   風府穴：後髮際正中點直上一橫拇指處。
   啞門穴：後髮際正中點直上半橫拇指處。
   翳風穴：耳垂正後方凹陷處，左右各一穴。

嘴巴破皮

其實嘴巴破最主要的原因是晚睡、睡眠不足及疲勞，造成免疫力低落而引起的。如能每天睡個三～四十分鐘的午覺，晚上十點上床睡覺，三餐都有吃水果，以及每天早晚五分鐘的體操運動，就可迅速痊癒。

體力透支引起嘴破時，若能在每一餐飯後吃一個奇異果，另外不停地小口、小口喝新鮮的紅葡萄汁（一天量2000c.c.以上），就可以迅速好轉。奇異果的維生素C含量，比檸檬、柳橙等還高很多；葡萄汁能滋補血液、增力氣；而小口的喝是爲了讓紅葡萄汁多混合一些自己的唾液下肚，因爲唾液有滋潤五臟六腑的作用，可以有效地清理嘴角的火氣。

手掌脫皮

每年季節交替，很多人的雙掌會逐漸脫皮，不痛不癢的，但卻很難看，尤其對愛漂亮的人來說，簡直難以忍受。傳統醫學認爲這多半是由於體內津液、陰血虧損，意即身體過度疲勞透支，以致血液、維生素、礦物質及膽固醇等營養不足，無法滋潤修補手掌皮膚而引起的過敏脫皮。

建議早睡（九點入睡）早起，多吃營養豐富的菜湯類，如佛跳牆（內含栗子、芋頭、鴿蛋、干貝、海參、魚皮、竹筍等）、三絲髮菜羹（內含髮菜、筍絲、香菇、金針菇、黑木耳、紅蘿蔔絲等）、海鮮粥麵、柴魚紫菜湯、仙草雞湯及魚卵手捲、蝦手捲、奇異果、木瓜等，即可逐漸轉好。

指甲上的白斑多

指甲上偶爾會出現一點一點的白斑，尤其小朋友手上的中指和無名指，時常會有這種現象，如果不是修剪指甲時意外受損或經常必須接觸化學藥劑的人，那表示此人體內的微量礦物質「鋅」不足，會造成抵抗力減弱，導致常感冒發燒，或皮膚長癬。

假如指甲上的白點很多，甚至於每隻手指都有白斑，或者白斑擴大到整個指甲，提示缺鋅嚴重，影響DNA（去氧核糖核酸）和RNA（核糖核酸）的合成，影響每個細胞的更新及修繕，可能造成眼睛、腎臟、腦部、骨骼與性能力衰退，生殖器發育不正常，陰毛稀少，不能生育。

建議多吃富含鋅的食物，如貝殼類（蛤蜊、牡蠣、九孔、鮑魚、干貝、海瓜子、西施貝等）、堅果類（松子、核桃、栗子等）及蔬菜湯，並少喝會利尿的飲料（咖啡、啤酒、西瓜汁等），指甲即可逐漸變漂亮。

指甲上縱紋多

指甲上的凸起或凹下的溝狀細長縱紋，通常會隨著年齡的增長，而增加其數目及密度，一般而言正常人在四十歲以後，才會愈來愈明顯，此爲一種正常的指甲角質老化過程。

但現在很多年輕人卻已有這種密密麻麻的縱紋，主要是因爲長期的晚睡或失眠、晝夜顛倒的夜生活多、過度消耗腦力、喝酒應酬多、體力時常透支、吃藥過多或肝病患者等。建議減少工作量和吃藥，早睡早起，及多用食療和運動。如在早餐時，除平日飯量外，再吃一大湯匙堅果及二個奇異果，和每日至少運動十分鐘，以增精力、抗衰老及促進新陳代謝。

手指肉刺

指甲附近出現肉刺，在盥洗、做事或穿衣服時，常會有小刺痛，令人很不舒服，此種情形多半是因爲晚睡、免疫力降低、維生素A及B_2攝取不夠、水份不足或富貴手等造成。

建議早睡早起，多吃富含維生素A的水果（芒果、哈密瓜、杏子、柿子、油桃、橘子），富含維生素B_2的食物（豬肝、酵母、煮熟的蔬菜、菜湯），並且每天適度的運動，就會減少肉刺的產生。

男子不孕

男性精蟲減少（低於六仟萬）與精子活動力弱時，都會減少受孕的機會，大多因爲抽煙、穿太緊的褲子、性病、靜脈曲張與常在高溫的環境下工作。徹底改變生活習慣，並每天在睡前以右手掌按在下腹部，左手掌貼在後腰中央，雙手掌同時上下按摩，同時胯下和腰部隨著上下起伏擺動十分鐘，即可恢復正常的數目和能力。

這個動作雖然有點不雅，好像邁可傑克森在熱歌勁舞時，故意強調生殖器官的招牌動作，但只要勤練此招，確實能夠加強性能力。

陽痿早洩

最常見的症狀是指性慾減退低下，或甚至於沒有性慾、無法勃起、勃起的力量維持不久、勃起的次數減少、在性交前無法控制而射精、性交後少於一分鐘即發生射精並隨即萎靡不振，或無法達到高潮，不能射精等，對於病人的精神狀態、自信心與自尊、家庭安定，以及夫

男子不孕按摩方法

睡前以右手掌按下腹部，左手掌貼後腰中央，雙手上下按摩，胯下和腰部隨著上下起伏擺動十分鐘。

妻之間關係的穩定，往往有著莫大的困擾和影響。

事實上太太可幫丈夫按摩胯下，或丈夫自我按摩，即可重振雄風。

方法是每日晨起睡醒時，及晚上睡覺前，以五指尖上下摩擦男性生殖器與肛門之間的地區（即會陰穴），每次約按摩六十～一百下，上下算一次，若能摩擦至微微興奮最佳，惟記得調整期間暫勿行房。一般療程約需三個月，快則數星期，長則半年，就可擺脫陽痿早洩的毛病，簡單又無害，不妨一試。

增加精蟲數目與活動力的方法

男性精蟲稀少與精子活動力弱，以致減少太太受孕機會時，可在每天傍晚時吃三十六尾水煮蝦，吃完並散步五百步（可在室內走）以助吸收；不怕腥及敢喝酒的人，可用生溪蝦六十尾，泡在二瓶高粱酒裡，浸足二個月後，每天晚餐前喝五十C.C.。

不管吃水煮蝦或喝蝦酒，都得持續二個月以上，再去檢驗，精子的數目及品質一定有進步。記得服用期間盡量不要行房，以免前功盡棄。

感冒發冷顫抖

感冒傷風的時候，除了發燒的症狀外，往往會發冷得厲害，即使吃了藥、打了針及蓋了幾層的毛毯，在厚重的棉被裡照樣冷得發抖，這是

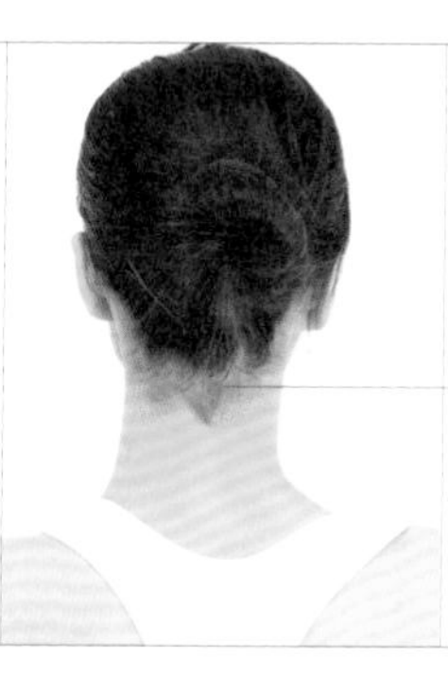

感冒發冷顫抖

啞門穴：後髮際正中略高處。

因為身體的體溫控制，受到了風寒的束縛（病毒的干擾）。

這時可以趕緊上下搓熱病人的頸椎十～三十分鐘（記得要塗抹些橄欖油，以免擦破皮），因為脖子後面正中央線屬於針灸經絡中的督脈，其中「啞門穴」（第一頸椎下凹陷中，後髮際正中直上半個大拇指寬處）的深部即是延髓所在，按摩此處能刺激延腦控溫中樞，調節全身的體溫恢復正常，病人的發冷顫慄就能減輕。

登山爬坡猛冒冷汗

去野外郊遊登山時，常會遇到較長的階梯或上坡路段，如果一下子走得太急，在剎那間會突然臉色發白、冒冷汗、呼吸急促得像吸不著空氣，甚至昏倒。此時在荒郊野外又沒有醫生該怎麼辦？可以趕緊採取以下措施：

(1)、掐人中（強心、增加氧氣的吸收。）

(2)、用拳頭下緣的肥肉，由肩膀往下輕輕拍打手臂內側中線，可平衡血壓、心跳過快或過慢。

(3)、接著用拳頭下緣的肥肉，從腳踝內側上緣，沿著小腿中線，和大腿中線敲打按摩，一直拍到鼠蹊部為止，每次每一腿至少敲打十分鐘，敲打的力量必須要能感覺到酸痛，才表示有作用到，可使下肢的血液循環變好，減輕心臟的負擔。

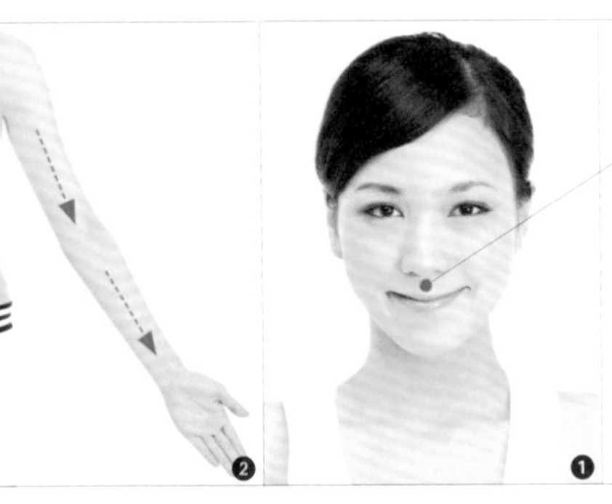

登山爬坡冒冷汗按摩穴位和方法

1. **人中穴**：鼻子與嘴唇間之上1/3處。
2. 以拳頭下緣由肩膀往下輕輕拍打手臂內側中線。
3. 以拳頭下緣，從腳踝內側上緣，沿著小腿中線和大腿中線敲打按摩，至鼠蹊部，左右兩邊至少十分鐘。

(4)、再喝點水，休息一下即可。這些方法也可用在中暑或其他休克（無明顯外傷）需急救的時候。

出汗過多

夏天天氣熱，流汗較多，本屬正常。倘若動不動就全身是汗，那就表示身體有問題。因爲流失太多的汗，體液會失去平衡，使人特別疲勞虛弱，甚至引發心臟衰竭，傳統醫學稱此現象爲「汗多亡陽」。

可用兩種食物來調整，方法是用乾桑葉三錢（中草藥房有賣）及紅棗七顆（每個皮劃開幾道），水十碗，將水煮成褐色，當茶喝，常常喝即可改善出汗過多的現象。

不安全感及驚恐

不安全感及驚恐是一種現代愈來愈常見的疾病，發作時會有顫抖、心悸、暈眩、胸悶、出冷汗、呼吸困難、感覺異常及瀕臨死亡的恐懼感，對日常生活影響甚大。

針灸常用足太陽經絡的背俞穴來取得良好療效，其穴位在脊椎兩旁，左右各有三十四個穴道。患此病者可請家人由上而下，從胸椎至尾椎，以兩手拳頭下緣的肥肉交替輕輕敲打脊椎兩旁，約兩個手指寬的地方，每晚一次，輕敲二十分鐘，二個月爲一療程，一樣可以達到療效。

不安全感及驚恐按摩穴位

以兩手拳頭下緣，由上往下按摩或輕敲脊椎兩旁，每次二十分鐘。

減少鼻過敏的方法

現今少年喜歡耍酷，老是央求父母買名牌運動鞋，不管有沒有體育課，「每天」總是穿同一雙鞋子，把自己的腳包得緊緊的，一點也不透氣。殊不知這樣一來，鞋裡永遠潮濕悶熱，不僅滋長細菌黴菌，也容易得到香港腳，並且會讓鼻子過敏的情形惡化，因為腳尖部位是鼻腔的反射區，只要此區保持乾燥清爽，鼻過敏的症狀就會立刻減緩。

喉片潤喉，飯後一次即可

喉嚨不舒服或聲音沙啞的人，往往喜歡整天含著喉片、喉糖，試著減輕症狀。由於其中所含的芳香辛涼的成份，會把口腔、鼻腔內黏膜的水分、潤滑物質給蒸發乾淨，引起氣管收縮太過或胃神經痙攣，因而導致失聲、久咳或胃痛腹瀉等。建議飯後偶爾含一次，就已足夠。

感冒速戰速決法

感冒剛開始時，倘若僅有流鼻水、鼻塞、白色稀薄的痰、全身痠痛和無力等現象，而沒有喉嚨痛及發燒症狀時，可將「蔥、蒜頭及生薑」，各切碎一小匙，以一碗溫溫的菜湯全部喝下去，幾個小時後，清清的鼻水會轉變成黃黏鼻涕，痰也會變成黃稠易出，全身的痠痛逐漸減輕，此即表示感冒病毒已經被免疫系統，及蔥薑蒜的殺菌作用給殺死，很快就會痊癒。

預防中風的方法

年紀已超過四十歲，大拇指及食指經常感到麻麻，眉稜骨也常覺得痛，那表示你的心血管循環不良，有中風的可能。假使舌頭又常常歪向一邊，更加深中風的機率。提醒你少吃冰、肉和少生氣，宜多散步每天睡前自我按摩全身一遍，自我按摩方法是，躺在床上，以自己的雙掌在身上的每一處，以揉圓圈方式按摩約十分鐘後再入睡。

皮膚疾病自我護理

常見皮膚和毛髮問題

皮膚疾病自我護理

青春痘問題

吳醫師小叮嚀

不生悶氣，少吃烤炸油膩食物，早點上床睡覺，一至二點之間午睡半小時，兩餐之間吃足水果（至少自己拳頭大的份量），青春痘自然不見了。

青春痘的成因

青春痘發生的主因大致可分為以下數種：

(1)、**便祕**：平日好吃辣椒、餅乾、薯條等油炸辣味類食物，影響排便的順暢，形成「下不通則瘀上」。

(2)、**內分泌不正常**：晚睡、熬夜最容易引起所謂「虛火上昇」，最好在晚上十一點以前就寢。

(3)、**月經不調**：情緒緊張、好吃冰飲料等，都會造成月事不順，導致痘多。

(4)、**新陳代謝紊亂、皮脂分泌太過旺盛**：好吃肉類、動物的皮（如牛排、雞鴨腳、豬頭皮）等，此類人的體質通常有很多頭皮屑。

(5)、**細菌感染**：青少年朋友喜歡用指甲去擠青春痘，常愈擠愈嚴重，那是因為手指上有許多看不見的細菌作怪（如座瘡棒狀桿菌）。

(6)、**肺部功能不佳**：「肺主皮毛」，皮膚乃是肺部的管轄區，負有協助肺部調節整體呼吸的作用，如常吃冰品、冰飲料，或騎機車未置風鏡，冬夏直灌冷熱風，洗頭不吹乾等，太過冷熱潮濕，都會影響臉部、肺部功能。

讀者可參考以上的原因，改變生活飲食習慣，對症下藥，否則就算花再多的金錢在藥物上，也是罔然！

吞黑豆消除青春痘

有位楊姓好朋友是某大航空公司的空中小姐，常需往來世界各大洲，由於其工作的性質、壓力及時差的關係，睡眠與內分泌較不穩定，造成長期滿臉青春痘，雖試過各國名牌的化妝品及就醫，依然無效。

後來筆者建議她嘗試名中醫師張步桃先生的黑豆養生法，每日晨起空腹以淡鹽溫開水，生吞四十九顆洗淨的青仁黑豆（黑皮補腎，綠肉補肝，可解毒活血，明目利水），果然三個星期後臉上的青春痘統統不見了，黑豆可說是價廉物美的美容妙品。每天早晚喝一杯無糖黑豆漿亦有相同的效果。

左右搖頭消除青春痘

如果已經試過各種方法來消除青春痘還是沒效時，不妨每天左右搖晃頭部，像鐘擺一樣，但注意不是要旋轉脖子，左右擺動來回算一次，每天需搖頭晃腦九十次，持續幾個星期下來，就會發現痘子愈來愈少。

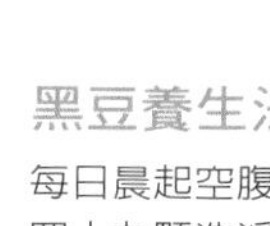

惱人的青春痘

青春痘發生原因很多，最重要是改變生活飲食習慣，對症下藥。

黑豆養生法

每日晨起空腹以淡鹽溫開水，生吞四十九顆洗淨的青仁黑豆可解毒活血，明目利水，也可消除青春痘。

因爲五臟六腑所有經絡（氣血）的主幹線或支線，都會經過頭部，只要頭部的氣血暢通，不管是因火氣大、壓力大、便秘、內分泌失調或青春期等問題，所產生的青春痘，都會逐漸消失。體質較虛弱的人，剛開始搖頭時，容易頭暈，不妨在搖的時候閉上眼睛，就不會覺得頭暈。

痘痘出現的身體反射部位

根據傳統醫學的面針穴位反射區顯示，青春痘在臉上冒出的位置，往往與身體某一個器官的功能或循環之異常有關，換言之即是身體所發出的早期警訊，應當重視和立即處理才是。

舉例來說，如果痘痘長在前額中間，則表示咽喉發炎；如果痘痘長在兩眉之間，即表示此人的肺部或氣管有問題；如果痘痘長在鼻根（兩眼內眼角之間），則表示心臟循環不順；如果痘痘長在鼻梁中間，則表示肝功能不佳。

如果痘痘長在鼻尖上，則表示脾臟和消化功能不佳；如果痘痘長在鼻翼，則表示胃火；如果

消除青春痘運動

左右搖晃頭部，每日九十次（來回算一次）。

痘痘長在顴骨正下方，則表示大腸燥結便秘；如果痘痘長在內眼角正下方，則表示小腸吸收不良。

如果痘痘長在人中，則表示子宮或膀胱功能不佳；如果痘痘長在頰側，則表示腰腳循環不佳；如果痘痘長在顴骨與耳朵之間，則表示腎功能不佳。應當對異常部位找出致病原因，並加以調整，以免轉變成較大的毛病。

頰側青春痘

國中及高中學生常在他們的臉頰邊邊，長滿了一小群一小群的青春痘，除了青春期的內分泌不調和問題之外，最可能的原因是大多數此類的同學，在看書聽課時，對不中意的課程，總喜歡一手托腮，另一手轉著原子筆玩，久而久之壓迫到頰側的血液循環，並且將手上的細菌帶入臉上的毛細孔，引起青春痘。建議常洗手洗臉、不要托腮及超過十一點睡覺，症狀就可轉好。

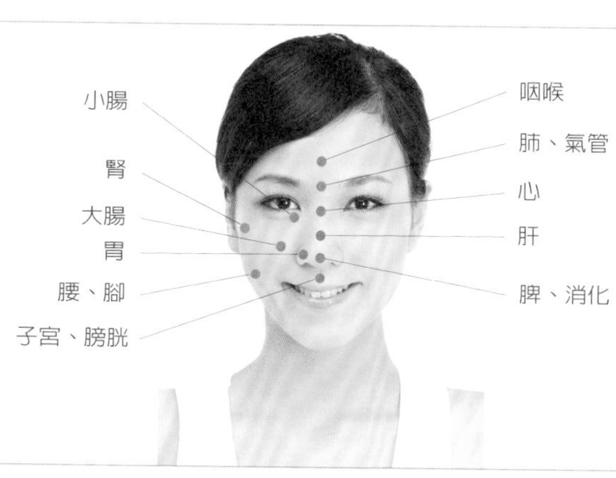

長痘痘的身體反射區

青春痘在臉上冒出的位置，往往與身體某一個器官的功能或循環之異常有關，換言之即是身體發出的早期警訊，應當重視和立即處理。

皮膚疾病自我護理

皮膚、足部相關疾病

吳醫師小叮嚀

用一大鍋水，加入「乾桑葉」一大把（一手掌能抓的份量），煮沸至水變成茶褐色，等水變溫溫的，倒入臉盆，再用乾絲瓜絡來擦拭身體，常常做，久而久之，皮膚就會光滑細緻。

皮膚病的根源

皮膚不良的原因相當廣泛，或因食物引起過敏（如吃了蛋類、牛乳、竹筍、油炸物、海鮮、芒果等），或因精神因素（如神經緊張、心事多、鬱卒等），或因肝功能異常，或因長期晚睡熬夜，或因感冒風邪併發，或因體內濕熱粘滯，或因內分泌紊亂（甲狀腺、性激素異常等），或因過食冰品，或因血液燥熱，或因月經不調等等所引起。應當找出眞正的發病原因，調整正常的生活習慣，宣洩積壓的情緒，並配合食療、按摩及氣功運動。

如果身上的皮膚病老是治不好？另外一個可能的原因是與肺部、氣管功能的失調有關。皮膚及毛細孔亦是肺部系統的管轄區，負責協助呼吸系統的運作、調節體溫的發散和收斂、與排洩部份的體內代謝廢物，正如中國傳統醫學所言「肺主皮毛」是也。

勤練加強肺部、氣管呼吸系統的運動，如氣功吐納、達摩易筋經、太極拳、香功、八段錦、擴胸運動等，惱人的皮膚問題，當可不藥而癒。

皮膚常瘀青

很多婦女朋友動不動就發現身上一處一處的小瘀青，但也不曉得是什麼時候撞到的，可能輕輕一碰就留下了痕跡，只覺有礙觀瞻。

其實這類問題，多半是因為「微循環」不佳所引起。人體微細血管介於動脈與靜脈之間，大約一百億條，是細胞間交換氣體、氧分及廢物的場所，循環不良自然容易瘀傷。

平日晨起及睡前至少做五分鐘體操，並在晚餐時喝一小杯紅葡萄酒或高粱酒三十C.C.，或每天晚上以熱水泡雙腳二十分鐘（熱水裡加一大匙醋），促進血液循環，瘀青自然就會減少。

另一方面，也可以到中西藥房購買傳統老藥膏「紫雲膏」，在容易瘀青的部位塗抹按摩十～三十分鐘，因為紫雲膏能化瘀生新、長肌肉，很快就可減輕瘀血。

香港腳（足癬）

夏天天氣悶熱，香港腳患者增多，往往令人奇癢無比，鞋襪臭氣沖天，病情時好時壞，且其傳染力及繁殖力強，多半不易斷根，讓人身心皆倍受困擾和折磨。

香港腳是由旋毛蟲菌、化膿菌、黴菌、沙蟲菌及癬菌等混合傳染而

皮膚常瘀青

每天晚上以熱水泡雙腳二十分鐘（熱水裡加一大匙醋），促進血液循環，瘀青自然就會減少。

成，專門在腳趾縫、腳側和腳底分泌角質溶解脢，侵入皮膚後分解角蛋白組織，汲取營養而滋生繁殖。每每將皮下穿成小孔和隧道，做爲它的巢穴。

患處皮膚濕潤，表皮成片剝落，皺褶處裂開，尤其以第四個腳趾頭和最後一個腳趾頭之間最爲厲害。若用力搔癢則皮膚粉屑層層脫落，容易流黃臭水。潰爛嚴重者鱗屑剝落可見紅肉（鮮紅的皮膚），疼痛而不能行走，影響日常生活頗大。患者以青少年爲多，大都是傳染而來。

香港腳難以根治原因與因應辦法：

(1)、爲多種菌類合成，性質複雜，每一種藥膏多半只能殺死其中幾種細菌，無法將它全數殲滅，加上其繁殖性強，過不了多久又繁衍起來。所以建議早中晚三個時間，分別使用不同廠牌的藥膏來對付它。

(2)、都是在皮下竄生，藥膏不易深入攻之，塗抹時得用力多揉幾下。即使皮膚表面看起來好像已經全好了，仍要繼續塗抹藥膏一～二個月，以確保深層細菌完全死光。而且塗抹藥膏時，記得必須由患處外圍由外往內塗抹，因爲由內往外塗抹，容易使細菌往外擴張版圖。

(3)、香港腳菌類性喜濕熱，建議多穿涼鞋，或有很多小洞洞能透氣良好

香港腳因應辦法

倘若您只有一雙鞋子，建議每晚用電風扇吹乾鞋內。運動鞋汗水尤其多，值得特別注意。

的鞋子。如果上班不能穿涼鞋，建議多帶一雙鞋襪，在中午休息時換穿，以保持鞋內乾爽舒適。絕對不要每天穿同一雙鞋子，以免濕的腳氣在鞋內無法蒸發，增加菌類。倘若您只有一雙鞋子，建議每晚用電風扇吹乾鞋內。運動鞋汗水尤其多，值得特別注意。

(4)、有輕微香港腳者，千萬不可去游泳，因爲這些菌類遇水繁殖更快，馬上就會讓您爛到看見皮下眞肉，疼痛不堪。

(5)、洗澡洗腳時，只用清水洗，不宜使用肥皂或其他沐浴乳，否則會刺激傷口。

(6)、平常坐下來的時候，可把腳抬高跨著，使足部循環變好，加強本身的抗菌殺菌力量，就可加速痊癒。

(7)、腳汗特多的人，很容易得到香港腳，不妨每日站在竹筒（筆筒）上十分鐘，來改善腳汗。

(8)、若患處皸裂潰爛，可至中西藥房購買中國傳統老藥膏「紫雲膏」來塗抹，此方具有消炎鎭痛、殺菌及癒合傷口之功能，對於排膿和搔癢亦有效。並購買中草藥做的痱子粉，灑在鞋底。

(9)、若患處尙未破皮潰爛，可至西藥房購買薄荷腦，每天用力塗抹患部至發亮爲止，可除濕殺菌。亦可買些爽足粉灑在鞋

運用竹筒來改善腳汗

腳汗特多的人，很容易就得到香港腳，不妨每日站在竹筒（筆筒）上十分鐘，來改善腳汗。

內，即使痊癒了，仍然要繼續灑粉一段時日，以免復發。

⑽、由於香港腳菌類傳播迅速，在旅館、健身房、游泳池、家裡地板行走時，最好穿上自備的拖鞋，以免赤腳被傳染到或傳染給別人。

⑾、不要摳腳後，沒洗手又去摳身體其他部位，很容易變成香港手、香港耳等。

⑿、當兵時，因洗的、掛的都是同樣的黑襪子，不要拿錯別人的襪子來穿，以免得到香港腳。

⒀、選擇適當的通氣鞋墊，並時常更換清洗。

⒁、可使用「遠紅外線」來治療香港腳，遠紅外線是一種現代物理治療方法，有除濕、消炎、癒合傷口及促進全身微循環等功用。目前許多醫院、診所均使用遠紅外線照射儀器配合治療疾病。

總之，平日腳趾縫要常洗乾淨，鞋子、襪子要常換洗，保持乾燥清爽，並多運動腳趾頭，暢通血液，使細菌不易繁殖寄生，就不易有香港腳的煩惱。

雞眼

時下的青少年、美眉喜歡每天穿同一雙名牌的運動鞋或皮鞋，有的鞋頭狹窄，腳趾頭的活動空間很小，加

雞眼因應辦法

選擇換穿較寬大的鞋頭，及每天換穿不同的鞋子。

上每天穿，沒有讓鞋裡充份透氣，以致常常會造成雞眼的產生。

雖然使用過各種藥膏，效果仍然有限。除了選擇換穿較寬大的鞋頭，及每天換穿不同的鞋子以外，可到中藥房或中醫器材行購買一兩艾絨（艾草較細的部份），每晚將一點艾絨捻成米粒大小的艾柱，以水沾在雞眼的上面，然後用火柴或打火機點燃艾粒的最上緣，此時火苗會逐漸往下燃燒到底層。假如感覺太熱痛，可馬上以手掌，將它快速拍熄。一般連點三粒，效果絕佳。燒過的皮層會有些微焦黃，且慢慢脫落。

據「本草從新」記載，艾葉生性溫熱，氣味辛烈，能夠通暢十二條經絡（身體的主要循環路線），調理氣血，驅逐寒濕，止血，調經安胎等，而且艾絨燃燒時火力溫和漸進，能直透皮膚與肌肉深層，效果較其他物品為佳，也不會令人灼痛不堪，故可以治療頑固的雞眼。

皮膚疾病自我護理

毛髮相關疾病

吳醫師小叮嚀

隨時隨地用天然不尖銳的梳子（牛角梳、木頭梳等），由前往後梳頭皮，若每天能梳數百下，頭皮循環自然好，甚至禿髮再生。

雄性禿、掉髮

禿髮發生原因多爲常處在緊張壓力狀態、長期過度使用腦力、情緒過於壓抑、自律神經失調、自我免疫功能發生障礙、血虛血液循環不佳、營養吸收不良、腎虛、遺傳因素、或其他原因不明等造成。

在食療方面，每天早餐時可沖泡一杯「桑麻蜂蜜茶」，即至市場乾貨店購買黑芝麻粉，再到中藥房訂購「乾桑葉粉」，每次各舀一大湯匙沖熱開水，再加些蜂蜜混合均勻，每天吃三次，因爲黑芝麻及桑葉都有很強的助長頭髮的力量與營養，也可作爲預防掉髮、分岔、髮變白的一個超級營養劑。

至於中藥臨床上的運用，由於禿髮者常需長期服藥，不妨使用科學萃取的中藥粉劑，因其成份清楚，品質一致，能保持一定水準。例如去有經銷科學中藥的中西藥房或診所，各買一罐「桂枝龍骨牡蠣湯」（安神補腎）與「七寶美髯丹」（增長毛髮），每次每罐各服四公克（成人份量每次共八公克才能發揮作用），每日三次，飯前服用，惟感冒、腹瀉、月經時勿服。

建議患者可常敲打或按摩百會穴（補氣生髮，在頭頂，前髮際與後髮際連線的5/12處，左右耳尖連線之中點）、神門穴（安神強心，在手腕內側，小指直下過腕橫紋凹陷處）、太衝穴（舒壓解鬱，在腳背，由第一、二趾縫往上碰到骨頭會合之前的凹陷處）、三陰交穴（吸收運化，在小腿內側3/13中心處）、太溪穴（補腎長髮，在腳內踝尖端與跟腱之間的凹陷處）。每天三次，每次每穴三至五分鐘。

此外，艾能通行十二經絡，所以也可採行「灸法」，可到中藥房購買「艾條」來灸穴道，每日每穴各灸五分鐘。連灸一個月，休息一星期後再繼續，如此三個月為一個療程。注意艾條點燃後只靠近皮膚，不要直接接觸，以能感到熱感為原則，有燙痛感即移開些，不要造成燙傷。體質燥熱或高血壓患者，灸後要多喝水及散步，以免上火。

雄性禿、掉髮按摩穴位

1. **百會穴**：左右耳尖連線之中點。
2. **神門穴**：手腕內側，小指直下過腕橫紋凹陷處。
3. **三陰交穴**：在小腿內側3/13中心處。
   太溪穴：在腳內踝尖端與跟腱之間的凹陷處。
   太衝穴：在腳背，由第一、二趾縫往上碰到骨頭會合之前的凹陷處。

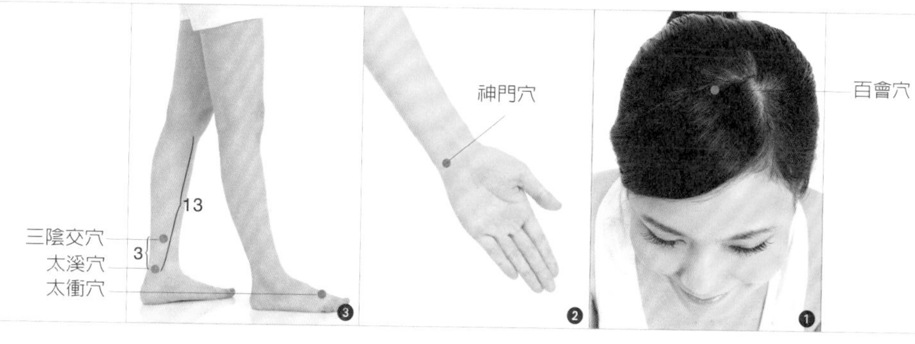

皮膚病患少吃南瓜、荔枝

皮膚潰爛的人，應少吃南瓜，因為南瓜的植物性蛋白質脂肪高，容易使潰爛地區更加惡化，尤其胃熱的人，吃多了南瓜後會導致腹脹氣滿。另外皮膚不好的人，也不要吃竹筍、茄子、炒的花生、芒果、荔枝、佐料多口味重的餅乾與炸的、烤的食物，因為這些食物不是本質燥熱，就是「性厲」，較易引起過敏。

運動後不要吃海鮮

平日為了增加血液循環，讓皮膚代謝更好，運動是很好的方法，但是運動後，假如立刻吃海鮮，較容易得蕁麻疹或皮膚過敏症，那是因為海鮮類食物大都是異性蛋白質，且蝦、螃蟹、蚵等有殼的海鮮，組織胺含量高，在消化這些食物時，需要大量的氧氣來代謝它。

而運動後的身體體內乳酸增高很多，正是「缺氧」的時候，此時吃海鮮會再耗掉很多氧氣，使肝臟及皮膚的代謝更加勞累，無法有效排泄廢物，而引起皮膚過敏，所以運動後千萬不要馬上吃海鮮。

用美酒泡澡滋潤皮膚

中國人逢年過節喜歡送酒當禮物，但對於那些不愛喝酒的人，美酒往往變成家裡無用的擺飾品。其實我們在泡澡時，可將半瓶酒倒入浴缸中，當酒香四溢時，令人心曠神怡，不但能消除疲勞、滋潤皮膚和幫助睡眠，起來後身上還有一股淡淡的迷人體香。偶爾慵懶放鬆一下，明天將更有精神打拼！

婦女疾病自我護理

女性生理期、更年期症狀

婦女疾病自我護理

女性生理期症狀

小常識：

通常敲打順序不同是與經絡的走向有關，一般都照經絡走向打為順，有調節或補的作用；若逆著經絡走向敲打的話，為「清」的作用或平衡的作用。

月經前腹痛

婦女月經來之前，腹部隱隱抽痛，甚至於臍腹絞痛，此乃「血澀不行」，意即子宮及腹腔的循環不佳，應每天用拳頭下緣的肥肉，從腳踝內側上緣，沿著小腿中線，和大腿中線敲打按摩，一直拍到鼠蹊部爲止，每次每一腿至少拍打十分鐘～半小時，敲打的力量必須要能感覺到痠痛，才算有效。宜多吃能通血的食物：

(1)、蓮藕湯、蓮藕茶、蓮藕粉糊（去瘀血、生新血）

(2)、紅菜（補血通瘀）

(3)、黑芝麻（具抗氧化和清血作用。每碗飯中加一撮黑芝麻，炒熟的黑芝麻可在超市中購買到）

月經前腹痛按摩方法

用拳頭下緣從腳踝內側上緣，沿著小腿中線和大腿中線敲打按摩，至鼠蹊部，兩邊至少各十分鐘～半小時。

(4)、蔥白（含揮發性油，能通陽解毒。煮麵食時多加一些蔥白）

(5)、菠菜（能補血、活血、助消化）

(6)、韭菜（補虛、治腰膝痠痛，可吃韭菜炒肉絲、韭菜餃子）

(7)、紅糖薑湯（紅糖含鐵量高，可助造血、活血化瘀；薑可活血、祛寒、增溫、發汗及除濕）如果自己沒有時間煮，可購買紅糖薑茶包來沖泡，就可緩解疼痛，並可改善體質，減少下次發生同樣的情形。

月經超前或月經不止

月經時常提前，月經來後仍點點滴滴，一～二星期都不停止，多半因爲長期晚睡及嗜好辛辣的食物，造成「血熱妄行」，意思是說肝臟及子宮的機能太過亢奮，影響血循環異常。應少吃辣椒、咖哩、火鍋、煙酒、餅乾、燒烤及油炸等食品，宜常吃：

(1)、地骨露（甘寒可清虛熱和涼血，以地骨皮五錢，水十碗，煮沸後再煮十分鐘，加蜜當茶喝，三餐飯後喝一杯）

(2)、菊花枸杞茶（菊花可清除風熱，枸杞子養肝，以杭菊五朵，枸杞子十粒，泡熱水一杯；或至超市購買各飲料廠所出的菊花茶罐；三餐飯後喝一杯）

(3)、紅葡萄或紅葡萄汁（益氣除煩。每日生吃一串紅葡萄，若打成

地骨露甘寒可清虛熱

以地骨皮五錢，水十碗，煮沸後再煮十分鐘，加蜜當茶喝，三餐飯後喝一杯。

汁，要馬上喝，以免營養流失）

(4)、生蓮藕打汁或蓮藕湯（去瘀血、生新血。新鮮蓮藕洗淨，切小塊，加些白開水，打汁去渣，再加一點冰糖）

(5)、荸薺湯（清熱止渴。至傳統市場買削好皮的荸薺煮湯吃，煮好後加點鹽在湯裡）

(6)、冬瓜湯（散熱消腫）

(7)、絲瓜湯（清熱涼血）

(8)、菠菜（能補血、活血、助消化，每天吃一盤）

(9)、水梨（滋陰、退熱、又化痰。每天吃兩顆）

(10)、黑豆漿（退熱活血又解毒，三餐飯後喝一杯）

(11)、生吃菊苣（清肝涼血。每天至少生吃一盤菊苣，或喝一杯生菊苣汁）

此外，每天用拳頭下緣的肥肉，從鼠蹊部沿著大腿中線和小腿中線往下敲打按摩，一直拍到腳內踝為止，每次每一腿至少拍打十分鐘～半小時，敲打的力量必須要能感覺到痠痛，才表示有作用到。並常用自己兩腳的腳底相抵住，互相磨擦三～五分鐘，使腳底發熱，以引火歸源。

月經來腰酸

月經來的時候，容易腰酸，此即表示「腎虛」，

杜仲茶解月經來腰酸

杜仲五錢，水十碗，最小火煎一個半小時以上，因杜仲需久煎，才能釋出有用物質；或到西藥房、超市購買杜仲茶包，泡來喝即可解除腰酸。

下腰部循環不佳，宜常吃能「滋腎補腎」的食物，如：

⑴、栗子（糖炒栗子、栗子糕、栗子燉肉，蒸飯時將去殼的生栗子放在飯上蒸）、髮菜羹（可到超市或南北貨商店購買生髮菜，先泡水去砂，然後與蔬菜同炒，或和金菇白菜等煮羹）

⑵、黑豆（黑豆炒苦瓜、黑豆燉排骨、黑豆漿、蔭仔蚵）

⑶、麻油炒腰花（至豬販或超市購買已去白膜的豬腰，切小塊與麻油炒）

⑷、仙草雞（至青草店購買乾仙草熬湯，或到熱飲店買純的燒仙草，再加入雞塊及少許的酒、紅棗、枸杞子燉煮）

⑸、燒仙草（至街頭巷尾飲料店購買，趁熱喝不要等結凍，喝後排尿會增加，能利尿解毒）

⑹、紫菜柴魚湯（可到超市購買配好料的便利包煮來吃）

⑺、烏骨雞（到傳統市場或超市購買烏骨雞，加些枸杞子來燉湯）

⑻、鱸魚湯（到傳統市場或超市購買鱸魚，與薑絲或中藥材一起燉湯食用）

⑼、黑棗（至中藥房或南北貨商店購買，每天可直接生吃幾粒）

⑽、加州梅（美國黑棗，至超市購買，每天可直接生吃幾粒）

⑾、海苔醬（至超市購買，配飯吃）

⑿、龜苓膏（至便利商店或超市購買，飯後吃）

⒀、海帶（至小吃店或超市購買）

⒁、紅燒海參（到傳統市場或超市購買烏參，紅燒炒來吃）

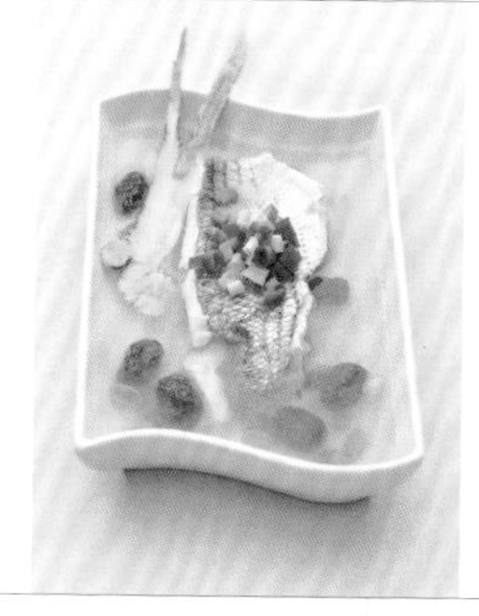

鱸魚湯可滋腎補腎

月經來腰酸時可煮鱸魚湯來滋腎補腎。

(15)、黑芝麻飯（每碗白飯上灑些炒熟的黑芝麻，超市有賣小包裝已炒好的黑芝麻）

(16)、杜仲茶（杜仲五錢，水十碗，最小火煎一個半小時以上，因杜仲需久煎，才能釋出有用物質；或到西藥房、超市購買杜仲茶包，泡來喝）

此外，每天用拳頭下緣的肥肉，從腳踝內側上緣，沿著小腿內側邊緣，和大腿內側中線敲打按摩，一直拍到鼠蹊部爲止，每次每一腿至少拍打十分鐘～半小時，敲打的力量必須要能感覺到痠痛，才有效果，症狀當可逐漸改善。

月經來乳下抽痛

月經來的時候，血色較暗，而且左右脅下（乳下）肋骨旁邊，經常會抽痛、刺痛或隱隱作痛，導致坐立不安，此即表示有「肝氣鬱結」（鬱卒）的現象，傳統醫學認爲「怒則傷肝」，情緒不穩及平日壓抑過多，都會影響到肝的運作。加上現代人常常晚睡，導致肝火上升（肝壓、肝指數升高），更使肝臟所在的脅部不舒服。

建議多看喜劇片、多散步、找人吐心事和多到郊外走走，疏肝理氣，緩和平日緊張的情緒。並早睡早起，宜常吃：

(1)、生蓮藕打汁或蓮藕湯

(2)、奇異果（生津潤燥，清熱利尿，入肝腎及胃經；每日吃二個，怕酸的人可等奇異果軟一點再吃，用紙包住奇異果可使它較快變軟）

蓮藕汁緩和月經來乳下抽痛

蓮藕汁可去瘀血、生新血；新鮮蓮藕洗淨，切小塊，加些白開水，打汁去渣，再加一點冰糖。

(3)、酸梅湯（入肝膽，生津止渴消火氣；可到中藥房或超市買酸梅湯配料煮）

(4)、綠色蔬菜（調肝血）

(5)、各種綠色豆子、豆子湯（調肝血）

(6)、冬瓜湯（散熱消腫）

(7)、菊花枸杞茶（菊花可清除風熱，枸杞子養肝，以杭菊五朵，枸杞子十粒，泡熱水一杯；或至超市購買各飲料廠所出的菊花茶罐；三餐飯後喝一杯）

(8)、生吃菊苣（又稱萵苣，清肝涼血。每天至少生吃一盤菊苣，或喝一杯生菊苣汁）

(9)、橄欖油生菜沙拉（橄欖能清熱解毒，利咽喉而止渴生津，厚腸胃而止瀉，下氣醒酒；橄欖油可澆在生菜上直接吃，再撒一點鹽，不使用其他調味醬）

此外，可多做「側身轉體運動」，兩腳不動，轉上半身向後看，左右交換做，左右轉體各做二十個。或每天用拳頭下緣的肥肉，從鼠蹊部沿著大腿中線和小腿中線往下敲打按摩，一直拍到腳內踝為止，每次每一腿至少拍打

經來乳下抽痛按摩方法

1 按摩下眼眶外三分之一處，用指頭壓三十秒～一分。

2 側身轉體運動，兩腳不動，轉上半身向後看，左右各二十個。

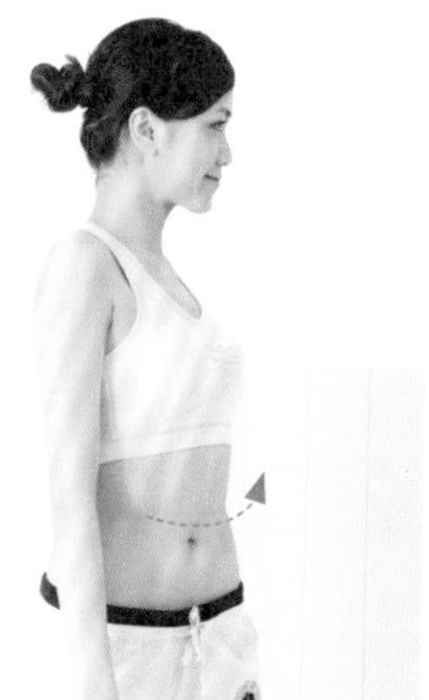

3 用拳頭下緣，從鼠蹊部沿著大腿中線和小腿中線往下敲打按摩，至腳內踝，兩邊至少各十分鐘～半小時。

十分鐘～半小時，敲打的力量必須要能感覺到痠痛，才表示有作用到，以疏肝解鬱。

也可多按摩下眼眶外三分之一處（肝膽反射區），就可減輕胸脅悶痛。方法是以指頭壓眼眶達三十秒～一分鐘，必須重複壓放幾次，壓的時候要把精神集中在指頭的力量上，所謂「凝聚心力」會產生意想不到的效果。左右眼的下眼眶都要壓，使下眼眶的內外眶緣的骨肉，都能感到酸麻脹痛，才有效果。

月經遲來

體虛氣弱的婦女朋友，每每因血少或血液凝滯，而經期落後，如果加上貪涼吃冰，可能幾個月才來一次月經，日後種下不孕或其他婦女疾病。應常喝營養的熱湯來補血通血，如：

(1)、豬肝湯（補血）

(2)、薏米雞湯（補虛除濕，至超市購買薏仁，每次用半碗的薏仁與雞骨頭數塊燉湯）

(3)、四神湯（健胃去濕，可到中藥房買配料來燉，吃素者不必加豬小腸去燉）

(4)、海鮮濃湯（營養、補血，可到西餐廳或速食店購買）

(5)、蔥花味噌魚塊湯（營養、通竅、補記憶；可到日本料理店購買，或到超市購買柴魚、鮭魚塊、味噌醬、海帶及豆腐煮湯，再加蔥花）

(6)、玉米湯（補脾統血，可到超市購買玉米罐頭回來煮湯，或至速食店購買）

海鮮濃湯營養補血

月經遲來可喝海鮮濃湯來補充營養，補血。

(7)、參鬚雞湯（補虛火，至中藥房購買人參鬚，與雞塊燉湯）

(8)、蔬菜濃湯（營養、潤血，可到西餐廳或速食店購買）

(9)、蓮藕排骨湯（去瘀血生新血，生蓮藕洗淨削皮切塊，與排骨燉湯）

(10)、山藥排骨湯（健胃補血，至大超市或傳統市場購買山藥，生山藥洗淨削皮切塊，與排骨燉湯）

(11)、熱豆花（營養、補鈣）

(12)、桂圓粥、桂圓茶（補血安神，用龍眼乾五片沖熱水，或十幾片與米煮粥，吃完要散步半小時，以免火氣大）

此外，宜每天用拳頭下緣的肥肉，從腳踝內側上緣，沿著小腿中線，和大腿中線敲打按摩，一直拍到鼠蹊部爲止，每次每一腿至少拍打十分鐘～半小時，敲打的力量必須要能感覺到痠痛，才表示有作用到，以調氣、活化胃腸吸收功能。

月經來流鼻血

月經該來的時候，不從正常管道出來，反而流鼻血，這多半是因爲平日吃太多辛熱的食物，燥熱影響到正常循環路線，以致於血液紊亂，而逆行由口鼻而出，名爲「月經逆行」。

除了少吃辣椒、煙酒、餅乾、薯片、火鍋、油炸物及每餐要多吃水果外，可用一個白蕃薯（地瓜），削去皮，切成小塊，加入五百C.C.的冷開

月經遲來喝熱湯補血通血

體虛氣弱的婦女朋友，每每因血少或血液凝滯，而經期落後，如果加上貪涼吃冰，可能幾個月才來一次月經，日後種下不孕或其他婦女疾病。應常喝營養的熱湯來補血通血.

水，打成液體，然後濾掉渣滓，再加入蜂蜜喝，每天早碗各一杯，連續三天，即可改善。

因爲蕃薯可提供人體大量的膠原和黏液多醣類物質，能預防血管硬化。而蜂蜜有能降血壓、軟化血管、消除口臭、滋潤腸胃等作用。

經血過多

婦女經血量過多，即使每次都用加長型或夜安型，仍然會有滲出現象，常使人噁心、暈眩且行動不方便，非常擾人，此種情形不論燕瘦環肥，多半是「體內血熱」引起。

傳統醫學常用四物湯加地骨皮、牡丹皮來清理血熱。平日食療則可多吃些「性涼」的食物，如小麥草汁、黑麥汁、黑豆漿、黑木耳、小黃瓜、苦瓜、金針菜、葡萄柚、甘蔗、決明子茶、菊花茶、綠豆湯等來消火，並忌吃炸、烤和辣的食物。

每天宜多做「旋轉腳踝」的運動，每次「每腳」至少轉三分鐘以上，坐著或站著，隨時隨地都可使腳踝轉圈子，以引火歸源。

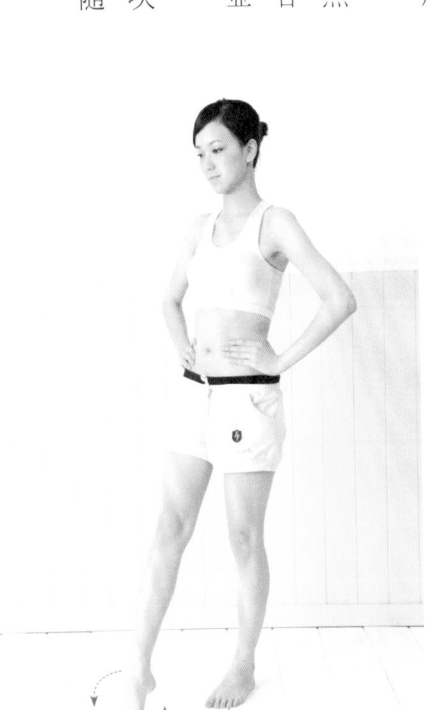

旋轉腳踝氣功運動

「旋轉腳踝」氣功式：坐或站，旋轉腳踝每腳至少轉三分鐘。

肥胖者月經量少

肥胖的婦女朋友，倘若月經來時血量稀少，多半因爲「體濕痰多」，導致腹部循環不佳，經血減少，日久產生其他疾病，如時常流出清冷的黏稠液體，形成白帶。應當少吃冰品，如各式各樣的冰飲料、冰西瓜、冰香瓜、冰淇淋、剉冰等，及熱量高的食物如咖哩飯、蛋糕、巧克力糖、汽水、可樂等。

晚飯後一個半小時或睡前，做三~五分鐘的「玉帶玲瓏」半倒立氣功運動，方法是躺在床上，不用枕頭，雙手伸長，平放在頭部的上方，屁股微微提高，將雙腿舉高，使兩腳與上半身約成直角，此時肚子一整圈肥肉會感到很吃力，此即表示練對地方。

剛開始練的時候雙腳和肚子挺不久，會不斷地的發抖，持續練習下去就愈來愈穩定，使經血通暢，並會很快感覺褲頭變鬆了（瘦了）。

經血無血色

月經來的時候，經血全無血色，多半因爲「血少血寒」，傳統醫學常用溫經湯、人參養榮湯、歸脾湯等，來溫經補血，恢復正常血色。有此問題的人平時應當常吃：

肥胖者月經量少氣功運動

「玉帶玲瓏」半倒立氣功式：躺下、臀微提、雙腿舉高、雙手放鬆往前放。

(1)、烏骨雞湯（至超市或傳統市場購買全身連骨頭都是黑色的雞，與枸杞子燉湯，能補虛勞虧損，治腹痛）

(2)、紅燒海參（能補腎，益精髓）

(3)、紅燒鰻（滋養強壯，治寒冷症、貧血症）

(4)、煮甜點時加些肉桂粉（健胃強壯，溫中逐寒，可到中藥房或大超市購買）

(5)、鱸魚湯（補五臟，益筋骨，和腸胃，治水氣，益肝腎，安胎）

(6)、山藥排骨湯（健脾胃，益肺腎，補虛羸）

(7)、高粱酒（祛寒行血）

(8)、鹿茸酒（溫腎壯陽，生精益血，補髓健骨，睡前喝三十C.C）

此外，每晚以拳頭下緣的肥肉，敲打兩邊大腿內側「血海穴」十分鐘～半小時，敲打的力量必須要能感覺到痠痛，才表示有作用到。病人採坐姿，由膝蓋向大腿內側上方，大約自己三個手指寬（不是手指的長）的肌肉隆起處，意即靠近膝蓋，股四頭肌內側頭的隆起處就是「血海穴」。

血海穴在針灸學中主治月經不調、痛經、崩漏、閉經、風疹及濕疹等血液病，能使血流旺盛，身體逐漸轉好。沒病時亦可拍打按摩此穴，以消除疲勞，使皮膚漂亮，常保健康。

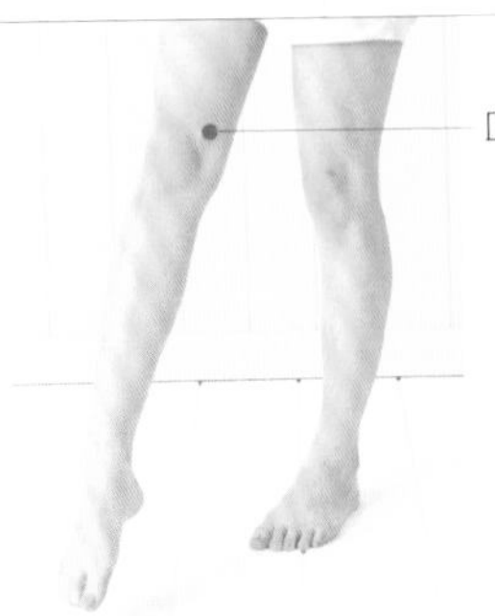

經血無血色按摩穴位

血海穴：由膝蓋向大腿內側上方，大約三指寬的肌肉隆起處。

月經斷斷續續

月經來的時候，只來幾點就停了，過了五、六日或九、十日，又來幾點，一個月當中常來個二～三次不等，實在很煩人！病因多半是「氣虛血虧」，自我調整則首重補血。

最佳的補血水果爲龍眼（養血、安神、益氣），但很多人深怕吃了會流鼻血、牙齒浮及喉嚨痛等，事實上可將龍眼洗淨，不用去殼，泡在鹽水裡一小時，再撈起來瀝乾，再放進冰箱，冰二小時再吃，這樣一來既滋補又不會火氣大。

如果不是龍眼的產期季節，可到超市購買龍眼乾（桂圓乾），每天早上細嚼慢嚥五片，或以熱水沖五片成爲桂圓茶，然後做五分鐘簡單運動，如用一腳站立，即所謂「金雞獨立」的功夫。右腳站立時，兩手可打開來平衡，特別注意左腳的膝蓋，要高過自己的肚臍，即一腳支撐體重，另一腳的大腿抬高（每一腳得站立五～十分鐘，才會有作用），或散步半小時，使龍眼的火氣均勻分散，補到全身各處，就不會使火氣往上攻。

並可多吃其他含鐵量較高（容易氧化的水果

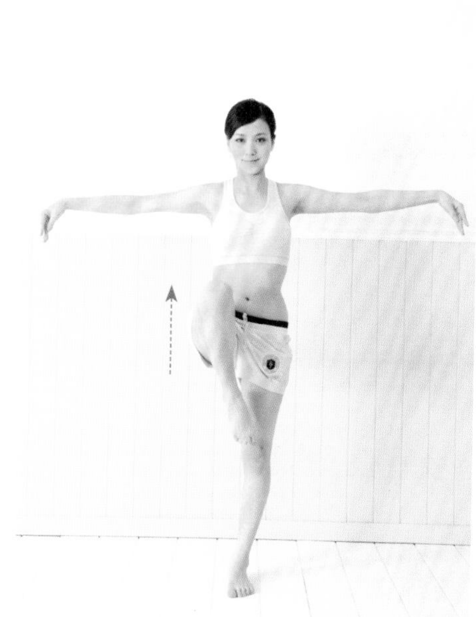

月經來斷斷續續氣功運動

「金雞獨立」氣功式：右腳站立，左膝高過肚臍，每腳站立五～十分鐘。

）的補血水果，如梨子、蘋果、柿子（柿餅）、加州梅（美國黑棗）等，及黑芝麻飯（炒熟的黑芝麻灑在白飯上）、豬肝湯、麻油炒腰子等食物，或到中藥房購買八珍湯（四物湯與四君子湯的合方，補氣又補血，比四物湯更周全）、人參養榮湯或歸脾湯等煎劑煮來吃。

經來關節痠痛

月經來的時候，全身的骨節疼痛，而且有時還會短暫的發燒，此乃先前的感冒尚未完全消除乾淨，寒邪仍然滯留在骨節之間所致。

應當馬上按摩頸椎和胸椎至少十分鐘～半小時，以五指尖上下搓熱脊椎，記得先塗些橄欖油、嬰兒油或其他按摩油膏，以免破皮。

並喝些熱騰騰的稀飯如：

(1)、白蘿蔔胡椒粥（胡椒可溫中祛寒，白蘿蔔能理氣消食、化痰止咳、散瘀止血、解毒醒酒及止渴利尿；做法是白蘿蔔去皮，切小塊，與米煮成粥後，再撒上白胡椒粉）

(2)、紅糖薑粥（紅糖含鐵量高，可助造血、活血化瘀；薑可活血、祛寒、增溫、發汗及除濕；做法是用生薑少許與米煮成粥後，再加些赤砂糖）

經來關節痠痛按摩方法

以五指尖上下搓熱頸椎和胸椎，至少十分鐘～半小時。

(3)、蔥花稀飯（蔥可發汗、通陽及解毒；做法是稀飯煮好後，撒一些蔥花）

(4)、茴香粥（茴香可溫肝腎、暖胃氣及散寒結；做法是小茴香先炒過，加水煎湯，再去掉渣，加入米煮成粥；或購買茴香餃子煮來吃）

只要能多吃以上的菜餚就可逐漸減輕疼痛。

經來浮腫

月經來的時候，身上多處有浮腫現象，傳統醫學稱爲「脾土不能剋化水」，意思是說脾臟功能不佳，不能將體內多餘的水分蒐集完全，經由肺部（出汗）及腎臟（尿出）徹底排除。

宜多吃能「健脾利濕」的食物，如薏仁糙米粥、薏米扁豆粥、薏米山藥粥、薏米百合粥、小米粥、蔥花稀飯、蓮子粥、玉米湯、鯉魚湯及鯽魚湯等，並勿吃冰、冷飲。

另一方面每天應每天用拳頭下緣的肥肉，從腳踝內側上緣，沿著小腿中線，和大腿中線敲打按摩，一直拍到鼠蹊部爲止，每次每一腿至少拍打十分鐘~半小時，敲打的力量必須要能感覺到痠痛，才表示有作用到。如此就可緩解水腫現象，並能減少下次發生同

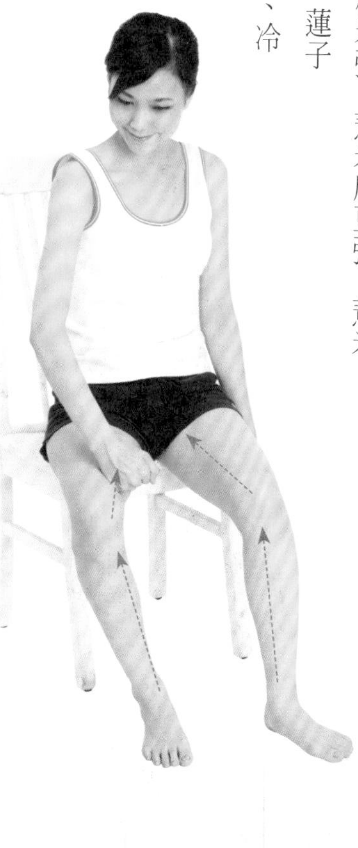

經來浮腫按摩方法

用拳頭下緣，從腳踝內側上緣，沿著小腿中線和大腿中線敲打按摩，至鼠蹊部，兩邊至少各十分鐘～半小時。

樣的情形。

經來小便痛

月經來的期間，每當小便時痛得好像有人在肚子裡面用刀刮你，就醫檢查後卻不是膀胱或泌尿道發炎，此乃「血門不通」影響到排尿，傳統醫學常用四物湯加上少量的通瘀行血藥，如麝香、乳香、沒藥及牛膝等，來使經血暢通，所謂「通經則癒」。

假如一時不方便求醫，可不停地由肚臍往下按摩至陰部，至少十分鐘~半小時，注意由上往下只用同一方向，不可來回上下按摩，俾能使經血更容易下行，就可減輕症狀。另外還可多吃：

(1)、金桔茶或陳年金桔（含金桔甘，有能強化毛細血管的作用）

(2)、蓮藕湯（去瘀血、生新血）

(3)、玉米湯（能補脾消腫，使尿素尿酸的排泄量增加，有降壓作用）

(4)、紅葡萄（補血強心、利尿）

(5)、紅豆湯（通便、利尿、消腫及淨化血液）

(6)、茄子（清熱、活血、利尿、消腫，常用在尿血、便

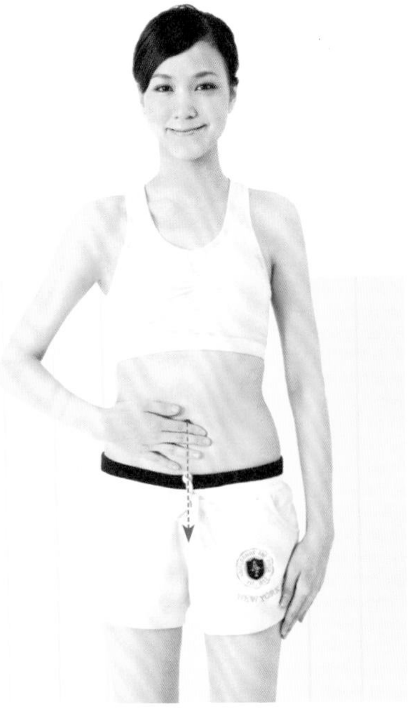

經來小便痛按摩方法

由肚臍往下按摩至陰部，至少十分鐘～半小時。

血、高血壓、動脈硬化、腦溢血等）

⑺、鳳梨（利尿消腫）

多吃以上的食物可幫助行血利尿。

經來咳嗽

月經來的時候，自覺並無傷風感冒，但卻咳個不停，此乃肺部滋潤物質不夠所引起的「燥咳」。可多按摩兩手脈搏跳動處（太淵穴），及兩腳腳背（太衝穴，腳大趾和腳第二趾之間的上方腳背），至少十分鐘～半小時。

並且用川貝母五錢（可到中藥房購買）和水梨二個，去皮切成四半，用小碗公裝，再加水六分滿，放進電鍋燉熟（外鍋放量杯六分滿的水），分兩次吃，喝湯吃梨。或多吃核棗糕（可在麵包店、食品行購買）、燒仙草、銀耳百合甜湯（白木耳和百合合煮，再加入冰糖；可到南北貨食品行購買材料）、銀耳羹（白木耳和蛋清合煮，再加冰糖）等，來潤肺去痰咳。

經來嘔吐

月經來的時候，自覺並無吃壞東西，但卻一直想嘔吐，沒有食慾，此乃「胃寒」所引起的。胃是一個喜歡暖和的器官，倘若遭受寒襲，就立刻會作怪。

此時應立即以手掌按摩肚臍周圍，使之發熱，每天早晚各按摩下腹

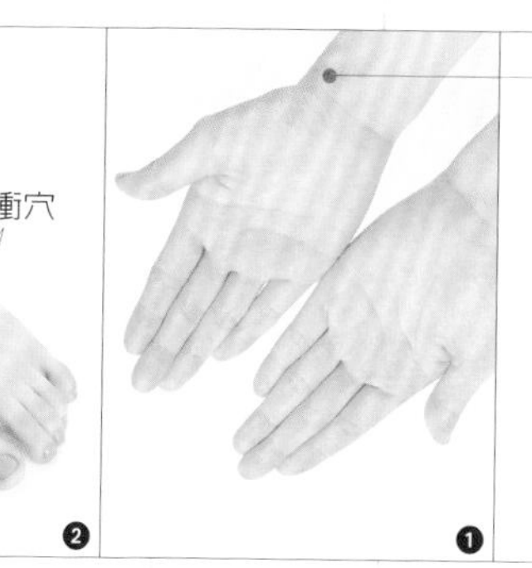

經來咳嗽按摩穴位

1. **太淵穴** 兩手脈搏跳動處
2. **太衝穴** 第一、二趾之間上骨凹陷處

部一次，按摩時以手掌按在下腹部，用順時鐘繞圓圈方式，每次十分鐘～半小時，並用生薑或乾薑與米煮成稀飯（薑可散寒止嘔），趁熱慢慢喝下去，嘔吐的症狀就會減緩。或吃一點陳皮乾（乾的橘子皮，鹹的。）、黃色的蜜餞橄欖，也有消嘔作用。

經後腹痛

月經過後，腹部仍幽幽的痛，好像不會停止，此乃「虛中有滯」，必須補虛通滯，可在早餐多吃：

(1)、紅棗（補血補氣又健腦）

(2)、補血湯（黃耆一兩，當歸二錢，水四碗煮成一碗，黃耆補氣虛，當歸補血虛）

(3)、人參（強心、補氣、助血循，早餐前咀嚼兩薄片）

(4)、雞骨頭干貝湯（雞骨頭四～五塊，小的干貝十個泡水去砂，加水放進電鍋燉湯，外鍋用一杯水）

(5)、葡萄乾（補血、強心、增力氣）

(6)、龍眼乾或桂圓茶（補血、安神、養肌肉）

以上這些東西比較補，記得要做一些下肢運動或散步半小時，以免

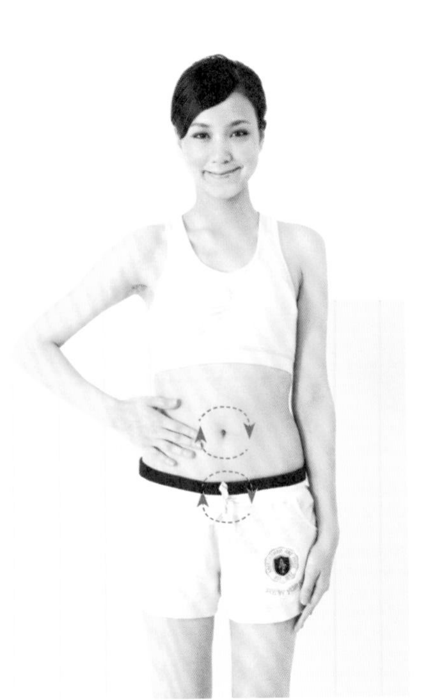

經來嘔吐按摩方法

用「順時鐘」繞圓方式，按摩肚臍和下腹部，每次十分鐘～半小時。

火氣往上衝。到了中晚餐再吃些九層塔、香菜、白胡椒等辛香味道重的菜湯，以通氣去滯。

每天早晚再各按摩下腹部一次，按摩時以手掌按在下腹部，用「順時鐘」繞圓圈方式，每次十分鐘~半小時，就可逐漸改善，下次再來也不會痛了。

經後腹痛按摩方法

用「順時鐘」繞圓方式，按摩下腹部，每次十分鐘～半小時。

婦女疾病自我護理

更年期、陰部相關疾病

吳醫師小叮嚀

更年期時容易煩、亂及失眠，建議晚餐後散步半小時，睡前躺著做「側滾翻」數次，可有效幫助平衡身心，側滾時注意安全。

更年期不適

黃帝內經曰：「女子七七任脈虛，太衝脈衰少，天癸竭，地道不通，故形壞而無子也。」意思是說婦女接近四十九歲時，氣血經脈衰弱，精氣逐漸枯竭，就無法生育。

但現代婦女由於營養及醫學發達，較能延緩身體機能的衰老，因而五、六十歲才生小孩的人亦不少。惟更年期的延後，似乎也造成了婦女許多額外的困擾，如懷疑腹內長東西、不正常出血或不能享受自由愜意的性生活等。

一般而言婦女到了相當年齡（五十歲左右），卵巢對腦垂體激素的刺激反應減弱，卵巢活動機能衰弱萎縮，製造卵子作用消失，內分泌調節跟平日不一樣，不規則的月經周期忽長忽短，月經出血減少，然後月經停止，這即是更年期的到來，換句話說女性由成熟期已轉移到老年期。

根據統計，約有四分之一的婦女，會明顯感到情緒焦慮、鬱悶猜疑、沒自信心、失眠疲倦、心跳加速、眩暈耳鳴、有下午或晚上的臉部發燒潮紅、手腳熱感、不正常出汗及頭痛等不舒服的症狀。

對於更年期引起的不舒服，現代醫學常用雌激素或孕激素，效果快但長期服用雌激素可能會增加罹患子宮癌的機率，而孕激素可能會有像月經一樣的周期性出血。另對精神不安症狀，則會給予神經安定劑、鎮定劑或安眠藥等，惟此類藥物副作用較大，如藥量須逐漸加重、醒後頭暈且反應遲鈍或短暫健忘等，要留意勿長期使用。

傳統醫學對臉部潮紅發燒常用玉女煎、加味逍遙散或知柏地黃湯來退火滋陰；情緒不穩和失眠則用加味逍遙散、酸棗仁湯、桂枝龍牡湯、柴胡龍牡湯或甘麥大棗湯來調節；不正常出血問題則用加味逍遙散、四物湯加減或當歸芍藥散等來調整。中西醫各有優缺點，讀者宜多請教中西醫師，尋求最適合自己的藥物。

在食療方面可依下列症狀選擇適用：

(1)、**臉部潮紅發燒**：可用燒仙草、甘蔗（汁）、蜂蜜、水梨、白木耳百合湯、蓮藕粉等來滋潤降火。

(2)、**情緒不穩和失眠**：可用桂圓粥（龍眼乾十來片，一杯米，加水十碗煮成稀飯）、蓮藕排骨湯（蓮藕十五公分一截，削皮切薄片，與豬排骨燉湯）、玉米湯、菊花枸杞茶（至中藥房購買杭菊、枸杞若干，每次用杭菊四朵，枸杞子十幾粒，沖熱水一大杯）、百合蓮子湯（至中藥房購買百合、蓮子、紫蘇、山藥、陳皮、玉竹各二錢作成一包，以水四碗半小火煎成一碗半）、清苦瓜湯等來安定

更年期不適

更年期當臉部感到潮紅、發燒，可喝燒仙草來滋潤降火。

神經。

⑶、不正常出血問題：可用薑醋（黑甜糯米醋一瓶，生薑塊約三分之一手掌大、切碎，紅糖一大匙及一小匙油，小火慢煎即成，吃飯時每種食物宜多多沾來吃）、小米粥、紅糖紅豆湯、蓮藕湯等來去瘀化新。

在按摩方面，應每天用拳頭下緣的肥肉，敲打按摩小腿內側中線，由下往上敲打，一直拍到大腿內側中線，每次每一腿至少拍打十分鐘～半小時，敲打的力量必須要能感覺到痠痛，才表示有作用到。

最重要的是，作「丈夫」的要多體貼照顧，多陪太太散步；作「子女」的要多加關心母親的變化，多噓寒問暖幾聲，種種因更年期所導致的不舒服就不難在短時間內克服。

體寒不孕

倘若夫婦雙方已經過現代醫學檢查，並沒有發現任何生殖系統毛病，且已試過各種先進辦法，卻仍然無法有孩子，這可能是夫婦雙方體質比較「寒」。

血液循環不佳、新陳代謝低落和四肢冰冷，太太常覺得下腹部或陰部發冷，先生則老覺得後腰部發冷、沉重，即使穿了衛生衣褲，發冷情形還是一樣，此即傳統

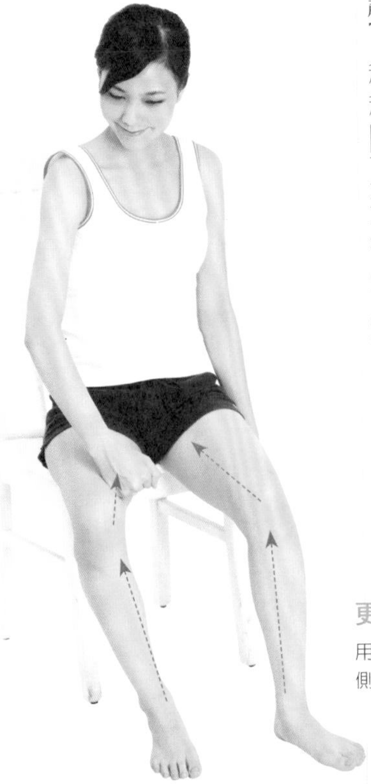

更年期不適按摩方法

用拳頭下緣，由下往上敲打小腿、大腿內側中線，每邊至少各十分鐘～半小時。

醫學所說的「風寒之氣蓄積胞宮」、「腎虛則腰冷無子」，可能有子宮不夠溫暖及精子活動力不佳等問題。若有這樣的情形，受孕的機會當然不易，不妨試試以下所述食療及泡溫泉法，以提高成功的機率。

建議夫婦雙方都應同時調整飲食作息，少吃冰過的東西，宜多吃：

(1)、薑母鴨（薑能散寒去濕，紅番鴨補血功力強）

(2)、薑絲豬肝湯（薑能散寒去濕，豬肝含鐵量最豐富，適合血冷貧血者）

(3)、魚卵手卷（富含DNA營養，可到日本料理店購買）

(4)、蝦手卷（富含DNA營養，可到日本料理店購買）

(5)、藥燉紅燒鰻（滋養強壯，治寒冷症、貧血症；以少許的黃耆、當歸、紅棗及枸杞子來燉鰻魚）

(6)、薑絲蚵仔湯（薑能散寒去濕，蚵仔含鋅量多，可提供製造充足的精子）

(7)、藥燉排骨（補血暖身，以少許的黃耆、當歸、紅棗及枸杞子燉排骨）

(8)、桂圓紅棗粥（安神補血又暖身，早生貴子）

以上的食品皆可補充營養和促進子宮和腰腎的循環，但由於較補，吃後要散步半小時，以均勻分散補的能量到身體各處和末端。

此外，每星期至少去泡「溫泉」三次，記得一邊泡一邊要喝白開水，一方面防止胸悶缺氧，另一方面使新陳代謝更佳，注意要泡到患處不冷方可停止。食療和泡溫泉雙管齊下，就可逐漸溫暖子宮或腰腎的機

體寒不孕食療方法

夫婦雙方應同時調整飲食作息，少吃冰品，宜多吃薑絲蚵仔湯、桂圓紅棗粥等，散寒去濕補身。

能，增加受孕的機會。

假如婦女陰部特別感到冰冷，可使用傳統醫學中的塞藥法，到中藥房訂做塞藥丸，用吳茱萸八兩、川椒八兩研磨成粉末，再加入蜂蜜，作成如彈子大的藥丸，睡前塞入陰道中，隔天早上取出，記得同時使用衛生綿，以免弄髒衣褲。每天使用一次，使用時會感覺下腹部熱熱的，記得要把這次所做的藥丸通通用完，方能連貫療效，確實暖和子宮和下腹部器官的機能。惟月經期間不可使用，以免出血量過多。

泌尿道發炎、陰癢

婦女朋友由於「生理結構」與男人不同，尿道較「短」，比較容易受到感染，假如長時間穿著絲襪、窄又緊的內褲、牛仔褲；或常吃生冷食物，導致體內潮濕，分泌物增加；或在不潔的公共廁所方便，或行房時由丈夫所攜帶的細菌感染等等原因，易引發尿道發炎、陰部發癢，往往令人癢得坐立難安。有時候婦女本身的抵抗力弱，即使上了表面乾淨的廁所，回家後仍然會馬上發癢難過。

體寒不孕

平時多注意食療和泡溫泉雙管齊下，就可逐漸溫暖子宮或腰腎的機能，增加受孕的機會。

此時應到超市購買「蔓越莓果汁」來喝，因為蔓越莓是一種真正「酸性性質」的果汁（大部份的水果入口雖是酸味，但其實是鹼性性質），含有一種特殊的濃縮單寧酸，能抑制細菌黏附於尿道細胞，降低尿道中大腸桿菌的數量，有效地減少膀胱和泌尿道感染的機會。

假如已經試過各種現代藥膏與塞劑，卻仍然無法止癢，不妨試試幾味「中藥外洗方」，效果不錯。方法是到中藥鋪買黃柏五錢（瀉火解毒清濕熱）、蛇床子五錢（溫腎助陽，燥濕殺蟲）、地膚子五錢（利小便，清濕熱）、百部五錢（潤肺止咳，殺蟲）、苦參根五錢（清熱，燥濕，殺蟲），用六碗水，煮開後再煮五分鐘，稍涼，用有壺嘴的水壺或保特瓶直接緩慢地沖洗患部，每天多洗幾次，就會感覺舒服。

肛門口發癢

現代的小家庭，做太太的通常也在上班，只要遲一點下班，就無法煮晚餐給家人吃，所以平日星期一～星期五的晚上，常會到外面的餐館或小吃店解決民生問題。

由於餐館人手一向忙碌，可能無法像在自己家裡，將蔬菜等食物洗得那麼仔細，也許會吃到沒洗乾淨的蔬菜或未完全煮熟的食物，因而得到蟯虫等寄生蟲，引起肛門口發癢等問題，令人很不舒服。

尤其接近半夜睡覺的時候，屁股會特別癢，那是因為蟯蟲的習性喜

泌尿道發炎、陰癢可喝蔓越莓果汁

蔓越莓含有一種特殊的濃縮單寧酸，能抑制細菌黏附於尿道細胞，降低尿道中大腸桿菌的數量，有效地減少膀胱和泌尿道感染的機會。

歡在晚上爬出來，甚至繁殖到旁邊一起睡覺的人身上。解決之道就是必須將所有的被單都拿去換洗（必須以熱水洗才有用），並且全家大小一起連服三天的打蟲藥，才能徹底消滅乾淨。

現今大家衛生習慣較好，比較不會得到大型的寄生蟲，如蛔蟲，但仍有蟯蟲、鉤蟲等不易發現的小寄生蟲。大人們往往愛面子而自圓其說，表示大人不會得到寄生蟲，事實上仍大有可能，倘若您又愛吃半熟的牛排、生魚片等生食，得到的機會更大。常常外食的人，最好每半年全家吃一次打蟲藥，以防吃到難纏的寄生蟲。服法可請教藥房的藥劑師。

假如全家已經服了幾天的打蟲藥，也換洗了所有的被單，而屁股依然莫名其妙的發癢，那可能是肛門口潮濕，一般細菌聚集較多所引起，可到西藥房購買「薄荷腦」（薄荷白色結晶物），因爲薄荷腦有燥濕殺菌的功能，每天塗抹肛門口數次，尤其睡覺前更要塗抹均勻，如此二～三天後就不會再發癢。

陰戶冷痛

婦女陰部時常感到冷冷的抽痛，多半是行

房時冷氣太強，行房後身體過於疲勞，又沒有蓋好被子，導致下部受到風寒的原故。

可用一碗「鹽巴」，放進鍋中乾炒至微焦黃（不可用油），撈起後用厚手帕或布包起，趁熱熨燙肚臍、下腹部及陰部周圍幾次，疼痛自然就會消除。鹽包剛炒好時非常燙，需稍稍等降溫一些，但以病人能接受的程度還熱一點，有發燙的感覺才有效。若鹽巴已經冷卻，可再次乾炒至發熱，重複使用一次。此法對肚子受寒的腹瀉、腹痛不止，亦很有用。

月事期間保養方法

在月事來臨之前，儘量少去水冷的地方游泳，尤其是山上冷泉，或溪水、河水裡游泳，以免影響子宮的功能。例如陽明山前山的游泳池，池水非常冷，常有人嘴唇凍得發紫（血液中缺氧嚴重）、手腳抽筋。

在月事期間，少吃冰冷的食物，如西瓜、橘子、香瓜、葡萄柚、汽水、可樂、椰子汁、大白菜、生的小黃瓜、冰品等等，以免造成子宮內膜的正常擴張增厚受阻，無法為受精卵在子宮內著床作好準備，或形成出血量太少、經期延後、下回不來，或甚至月經突然停止，子宮肌停頓在充血狀態，導致子宮肌纖維化，逐漸腫大而形成子宮肌瘤、子宮內膜異位及不孕等毛病。

其次少吹風，若騎乘機車一定要戴安全帽、穿外套，機車最好要有擋風玻璃，以免風淫日積月累侵入身體，變成經痛。也不要吹冷氣，如在辦公室裡，可圍一條絲巾於脖子上，以免循環變差，手腳冰冷，頸肩僵硬，落枕連連。

此外，宜少提重物，因為可能會造成月經的出血量過多。也不要經常生氣或憂愁，因為生氣或憂愁都會影響子宮卵巢等的內分泌和機能，造成不孕症的產生。特別注意不要晚睡（超過晚上十一時）與熬夜，漸漸就可將體質轉弱為強。

第四章

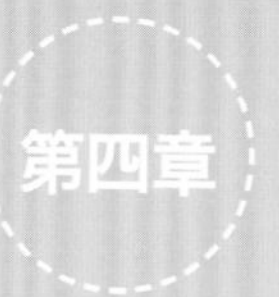

懷孕和嬰幼兒問題自我護理

從懷孕到嬰幼兒照護

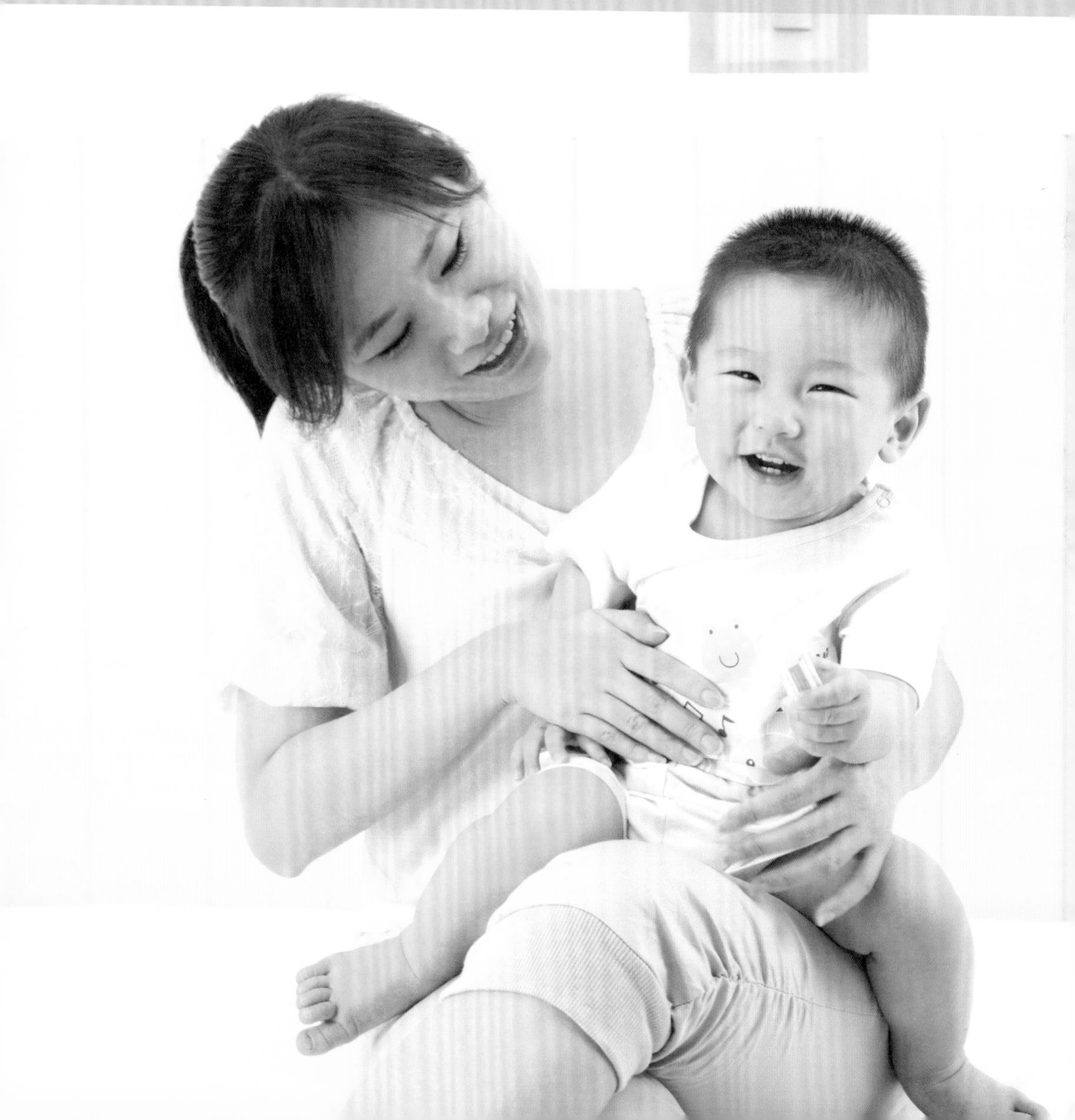

懷孕和嬰幼兒問題自我護理

懷孕護理和相關疾病

吳醫師小叮嚀

懷孕時最重要的是要保持「微笑與心平氣和」，保持充足睡眠，少吃冰及冷飲。常做深呼吸，對精神與體力也大有幫助。

孕婦護理須知

懷孕開始，起先是月經不來，有異樣的感覺，但情緒變得較不穩定，有時容易哭泣，有時非常緊張，有時笑個不停，也較為內向；某個時段特別喜歡吃某一類食物，非要丈夫或家人買回不可；乳房脹大或有刺痛感，腰痠背痛，頻尿，噁心，早晨容易想嘔吐，頭暈現象增多，腿部抽筋等等。

這些現象往往令懷孕的婦女，不由自主地胡思亂想，害怕自己的胎兒畸形、分娩不順利或產後照顧調理不周。事實上只要定期至醫院產前檢查，並留心以下的飲食生活作息注意事項，便可順利完成人生一大樂事。

(1)、少拿高的東西，預防跌倒；爬樓梯時要扶著把手，避免滑倒。

(2)、少提重物或抱小孩，以免造成腰痠背痛。

(3)、減少性行為，但只要是採取側臥體位，不會壓迫到孕婦腹部，及造成陰道出血，仍可進行。

孕婦解便秘

懷孕後體質燥熱，較易引起便祕、靜脈曲張及痔瘡，每天至少應喝六杯水以上，且每餐多吃富含膳食纖維的水果來滋潤腸道。

(4)、洗澡宜淋浴，勿盆浴，以免陰部感染細菌。洗澡洗頭後，一定要吹乾頭髮，擦乾全身上下所有的部位，以免感冒。

(5)、充足的睡眠，千萬不要晚睡（超過晚上十一時睡覺），以免加重肝的負擔。假如睡眠不足，則要午睡一小時來補充。

(6)、衣褲宜寬鬆舒服，避免循環不佳或皮膚病。

(7)、有空就將雙腳跨在小椅子上，減少抽筋及足腫的機會。

(8)、懷孕後體質燥熱，較易引起便祕、靜脈曲張及痔瘡，每天至少應喝六杯水以上，且每餐多吃奇異果、酪梨及柿子等富含膳食纖維的水果，及白木耳、百合、髮菜、海帶、紫菜、仙草、果凍、愛玉、蒟蒻等滋潤腸道。

(9)、乘車一手抓住扶手，以防轉彎過急。注意安全帶不要勒到胎兒。

(10)、注意胎教，多聽、多看美好的事物，如常去各博物館、美術館、音樂會欣賞作品，日後小孩多賢良，較爲好教。不要觀看暴戾兇狠、心淫情亂的影片及喝酒，以免小孩將來較易桀驁不馴和放浪形骸。

(11)、少吃冰及冷飲，以免影響胎兒的體質及下一胎受孕的機率。

(12)、少吃烤、炸及辣的食物，以免容易上火和影響胎兒的皮膚。

(13)、勿抽香煙，或飲用咖啡、濃茶等刺激性食物。

(14)、少吃生冷腥味重的食物，以免容易有嘔吐感。

孕婦補充鈣質

孕婦可多吃甘藍菜、黑芝麻、硬果類等補充鈣質。

孕婦感冒

假如發生感冒，怕吃藥影響胎兒，可先喝「蔥白湯」來緩解。平時應多吃蔬果來補充體力與營養。

(15)、根據唐朝名醫孫思邈的經驗，孕婦常吃生雞蛋，易使嬰兒長瘡；常吃豆瓣醬，易使嬰兒皮膚黑；吃狗肉、兔肉，易使嬰兒缺唇無音；吃鱉，易使嬰兒脖子短；吃薏苡仁、麝香及紅花，易流產。吃山羊肉、羊肝，令子多病。吃驢肉、馬肉，產期延月。

(16)、宜多吃生命力旺盛的種子類食物，如松子、芝麻、核桃、栗子、蓮子、枸杞子及各種穀類胚芽，以補充體力與營養。

(17)、因為懷孕後進食較容易產生脹氣，宜在餐後吃一點能助消化的食物，如陳皮乾、黃橄欖、酵母粉、梅子粉及奇異果等。

(18)、假如發生腳腫的現象，可吃紅豆湯、黑豆漿、燒仙草、鯉魚湯、鯽魚湯、鱸魚湯。

(19)、假如發生感冒，怕吃藥影響胎兒，可先喝「蔥白湯」來緩解，以十四根蔥白，加水二碗，煮開即可，蔥白有發汗通竅及安胎的作用。或喝一碗蔥花稀飯，到棉被裡把汗悶出來，就會輕鬆一大半。

(20)、多吃豆花、傳統豆腐、甘藍菜、綠花椰菜、玉米湯、馬鈴薯、奇異果、硬果類（如松子、核桃、栗子、榛果、夏威夷豆等。）、蜂蜜、黑芝麻、小魚等，補充鈣質。

(21)、假如孕婦本身體虛衰弱，甚至有流產記錄，可請中醫師檢查，看是否可服用傳統醫學常用的老藥方「資生丸」，其組成為人參三兩、白朮三兩、茯苓一兩六錢、山藥一兩六錢、蓮子肉二兩、陳皮二

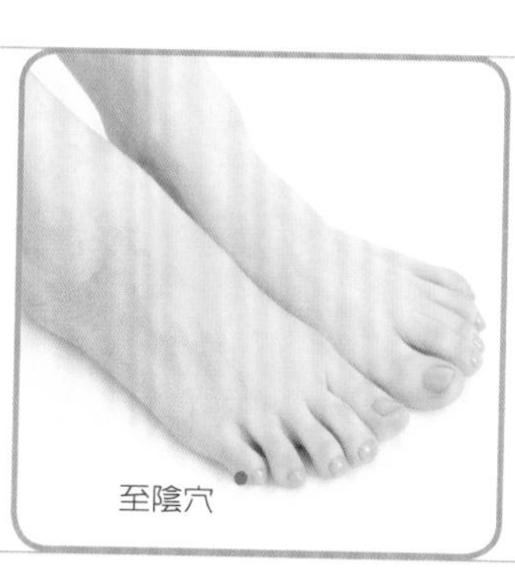

孕婦腰酸背痛及胎位不正按摩穴位

至陰穴：兩腳足小趾外側，趾甲角旁約0.1吋。（左右各一）

兩、麥芽二兩、神曲二兩、薏苡仁一兩五錢、芡實一兩五錢、砂仁一兩五錢、白扁豆一兩五錢、山楂一兩五錢、甘草一兩、桔梗一兩、藿香一兩、白荳蔻八錢、黃連四錢，做成藥丸如梧子大，每天三次，每次十顆，飯後服用。因資生丸可「健脾安胎」，即是能健全消化吸收功能，並防止流產，體質虛者可一直服用到生產爲止。懷孕第八個月開始，亦可詢問中醫師開立另一老藥方「十三味安胎飲」煎劑，每星期喝一次，可加強孕婦生產時所需的體力，通暢循環，預防胎位不正，及降低難產的發生。

產後坐月子期間，應常按摩下腹部，即不停地由肚臍往下按摩至陰部，注意由上往下只朝同一方向，不可來回上下按摩，俾能使經血更容易下行，使深層的瘀血惡露清乾淨；並儘量避免吹到冷風、冷氣，或浸泡冷水太久，以免日後引起難纏的頭痛及骨節痠痛。

孕婦腰酸背痛及胎位不正

懷孕時，常會有腰酸背痛及胎位不正的問題，對於準媽媽的心情影響頗大。不妨按摩「雙腳的小趾頭」（至陰穴）來補腎氣，每日按摩三次，每次十分鐘，以手指摩擦此處，以能達到微微發熱的方式來進行。

傳統醫學認爲如腎氣不足，則難以維繫正常胎位，甚至於無力生產而致難產。最小腳趾頭指甲根外側旁的「至陰穴」（針灸解剖位置為足小趾

孕婦消腳腫

假如發生腳腫的現象，可吃紅豆湯消除腳腫。

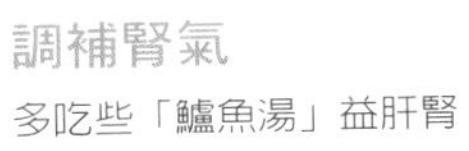

調補腎氣

多吃些「鱸魚湯」益肝腎。

末節外側，距趾甲角零點一指寸的地方），乃足太陽膀胱經與足少陰腎經經氣交接之處，可「調補腎氣」，故有此功。假如再吃一些「鱸魚湯」就更棒（鱸魚能補五臟，益筋骨，和腸胃，治水氣，益肝腎，安胎）

孕婦害喜

女性懷孕時常會害喜，如頭痛、噁心、嘔吐、神經緊張及腿部抽筋等，除了情緒的影響，另一方面可能是缺乏「維他命B_6」，因爲懷孕時維他命B_6需求量會急遽增加。

此時不妨多吃含維他命B_6豐富的食物，如各式各樣的胚芽（苜蓿芽、黃豆芽、綠豆芽、豌豆芽等）、麥片、黑糖、啤酒酵母粉（可到西藥房或健康食品專賣店購買）及動物的肝、心、腎等，就可改善上述不舒服的症狀。

孕婦便秘

孕婦便秘時，多半由於體熱，屬「腸胃燥結」，而很多婦女朋友怕影響胎兒的健康，不敢隨便服通便藥，但嗯不出來，實在很痛苦。

不妨多吃一些富含「膠質」或能「滋潤通腸」的食物，如海帶、海苔醬、髮菜、地瓜、白木耳、海參、海蜇皮、甘蔗（汁）、蜂蜜、仙草、愛玉、蓮藕、蒟蒻、果凍等。並且在飯後散步半小時，就能促進胃腸自然的蠕動，輕鬆得到排解。

流產後護理

以杜仲五錢、續斷二錢，加水約十五碗、雞肉三、四塊，小火熬湯，煮成杜仲雞湯來補強肝腎，溫暖子宮，避免日後腰脅痠痛。

流產後的護理

由於社會風氣日漸開放，許多心智未成熟的青少年濫用感情，往往等到女方莫名其妙的懷孕，這才慌慌張張跑去拿掉孩子，事後也不敢讓家人、同學或同事知道，一點都沒有好好調養身體，就繼續上學或上班，日後普遍有小腹抽痛、頭暈、貧血、經痛及常生病等問題。

有些職業婦女體質較爲虛弱，在忙碌緊張的工作之下，常有習慣性流產。而每次在手術後，不到半天的休息，就從醫院回家，隔日又得上班，身體內在疲憊與傷害依舊，並沒有得到修補，不論多盼望，下次依然可能流產。

另外，像結婚十多年，小孩都已上了國小的夫婦，意料之外又有孩子，只好忍痛割愛。事後的保養如果也是馬馬虎虎，日子一久，一樣這裡不舒服，那裡不痛快。

事實上，不管什麼原因造成的流產，事後都要當作剛生產完「做月子」般來看待，否則會有很多後遺症。例如要連喝一星期的傳統中藥方「生化湯」來去瘀生新，使子宮恢復良好機能；等吃完七天生化湯後，再吃杜仲雞湯，以杜仲五錢、續斷二錢，加水約十五碗、雞肉三、四塊，小火熬湯，來補強肝腎，溫暖子宮，避免日後腰脅痠痛。記得要燉一個半小時以上，杜仲的有效成份才會出來，也可用能設定時間的慢燉鍋來燉煮。（以上中藥可請教中醫師及中藥房）

乳汁不足

可喝「黑木耳」飲料，每天早晚一瓶或多吃莧菜、三七葉，促進乳汁分泌。

有一點要特別注意的是，流產過後千萬不要再「吃冰、喝涼的飲料」，會使下腹部再度受強烈刺激，很容易造成不孕，等到將來再想好好生小孩時，已後悔莫及，切記！

乳汁不足

現在大家都知道餵母奶的好處多多，問題是有很多婦女朋友產後乳汁不夠，想餵母乳卻沒辦法。傳統習俗常叫人多吃花生蹄花湯，或以青木瓜燉豬腳，以促進乳汁的分泌，但畢竟豬腳比較油膩，怕胖的少婦們較不敢吃，吃素的婦女也不能吃。此時改喝「黑木耳」飲料，每天早晚一瓶，或多吃莧菜、三七葉，即可逐漸增進奶水。

使母乳品質好的秘訣

現代醫學提倡餵食母奶，好處勝過牛奶許多。其實中國傳統醫學早就注意到這個問題，如華陀傳：「母乳若虛冷，會使嬰兒拉青色大便而啼哭不止」。唐千金翼：「母身常食冰冷物則乳寒，會使嬰兒咳嗽。常食燥物則乳熱，會使嬰兒無食慾且易嘔。母若常喝酒，嬰兒則容易恍惚多驚。」千金寶鑑：「母若大怒餵奶，嬰兒容易夜裡哭鬧不休，甚至疝氣。」

所以想要自己餵奶的婦女朋友，除了不可吃太過肥膩、燥熱、生冷瓜果寒物之外，並當保持「心情平和」，以免七情六慾影響母乳的品質，使嬰兒生病，因爲「母強則子強，母病則子病；母寒則子寒，母熱則子熱。」

胎教的重要

懷孕時注意胎教，多聽、多看美好的事物，如常去各博物館、美術館、音樂會欣賞作品，看有益良書，將來孩子才會好帶。

母奶品質好的秘訣

現代醫學提倡餵食母奶，好處勝過牛奶許多，所以想要自己餵奶的婦女朋友，不可吃太過肥膩、燥熱、生冷瓜果寒物，並當保持「好心情」。

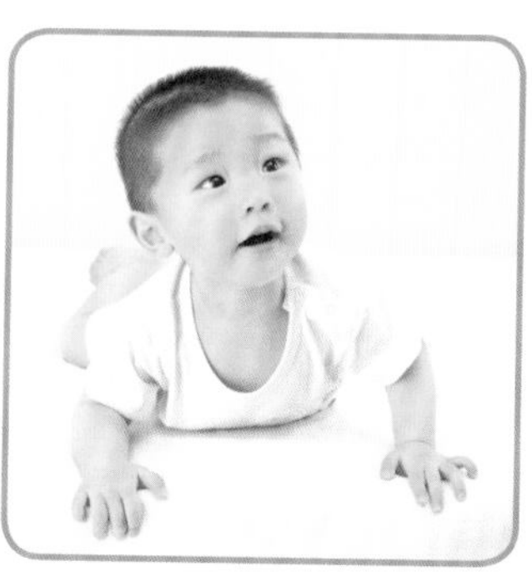

懷孕和嬰幼兒問題自我護理

嬰幼兒護理

吳醫師小叮嚀

常常將雙掌搓熱，幫嬰幼兒做全身按摩，孩子就不容易生病。孩子內衣一濕就要更換，就不會感冒。

提昇嬰幼兒抵抗力十大妙方

古云陰曆五月，端午節前後，濕熱蒸發的濁氣，較容易引起瘴癘之氣（傳染病），尤其是小孩容易傳染腸病毒。病毒與細菌無處不在，最根本積極的方法，仍是提高小孩子「本身的免疫力」，才能抵抗愈來愈頑強的病毒。

但怎樣才能提昇嬰幼兒的抵抗力呢？

(1)、幼兒最弱的地方是「氣管」及「腸胃」，所以必須經常按摩幼兒的上背心（兩肩胛骨的中間脊椎部份），垂直上下按摩至發熱為止（記得要塗抹一些嬰兒油，以免破皮），可增強呼吸系統（因背心諸穴均可治肺、氣管的毛病）；和按摩肚臍周圍，以手掌以圓圈方式繞著肚臍按摩，一直按到如能聽到幼兒放屁，效果最佳，表示腸胃系統已順暢正常。此法每天宜多按摩幾次，最少睡前要做一次，長期施行可減少很多疾病的發生。

(2)、幼兒若已有腸胃毛病，食入即吐，即使是開水與藥，也照吐不誤時，可重壓按摩幼兒的

1

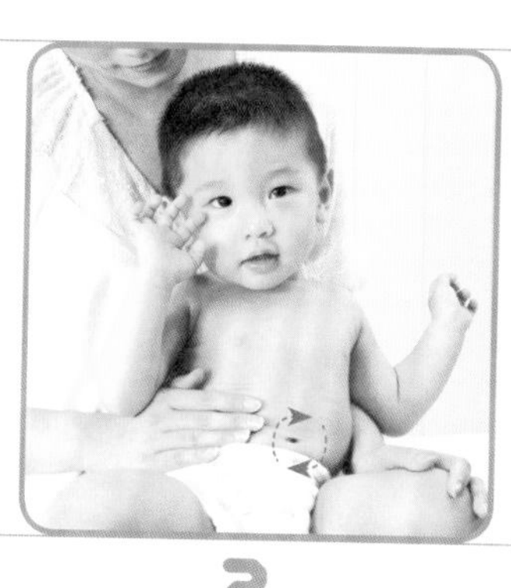

2

嬰幼兒氣管弱按摩方法

1. 垂直上下按摩幼兒的上背心（兩肩胛骨的中間脊椎部份）
2. 手掌以順時鐘方向按摩肚臍周圍

左右腳底中間部份各五次，以拳頭下緣的肥肉，輕輕敲打大小腿外側沿脛骨外側，由上往下拍打各五分鐘以上（左右腿都要拍），過一會兒，小孩再吃任何東西，就不會吐了。

(3)、如果幼兒已有發燒現象，可多按摩後頸根（大椎穴、定喘穴），及手肘肘橫紋的中點（曲池穴），可緩解發燒的程度，進而較快痊癒。惟特別注意手心、腳心是否發燙、言語混亂，若已高燒，除繼續按摩外，宜迅速就醫。

(4)、注意飲用水的潔淨，倘若家中有裝濾水器，不要忘了要定時換裝濾心，因濾材過期，飲水反而更髒。

(5)、給小寶貝洗澡時可在浴缸中，加五大匙的白醋；或放一塊拍碎的薑與二大匙的鹽；或放些檸檬片；或倒半瓶任何一種的穀類所做的酒（如米酒、高粱等。）；這些方法都可以幫助消除身體內累積疲勞的酸，殺菌，促進循環，加強抵抗力。

(6)、可到中藥房購買漢朝名醫張仲景著名方劑「小建中湯」煎劑或粉劑（各大GMP合格藥廠均有出品），本方由桂枝、生薑、大棗、芍藥、甘草及膠飴所組成，對於改善幼兒的虛弱體質、食慾、夜啼、夜尿、慢性胃腸炎、神經性腹痛及便秘等，甚有幫助，常常服用且能補腦、健全發育。若用粉劑，每天服用二～三次，二歲以下每次服半公克，二歲～六歲服一公

2

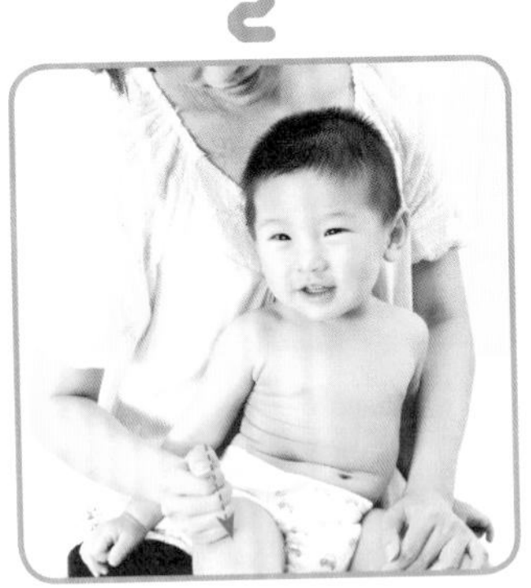

1

幼兒腸胃不佳按摩方法

1. 按摩左右腳底中間稍上的部份，左右各五次。（肝胃反射區——右腳底為肝，左腳底為胃。）
2. 以拳頭下緣，輕敲大小腿外側沿脛骨外側，各五分鐘以上。

2

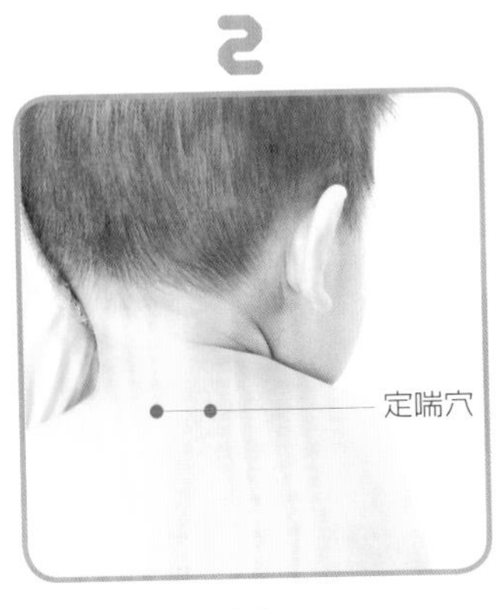

1

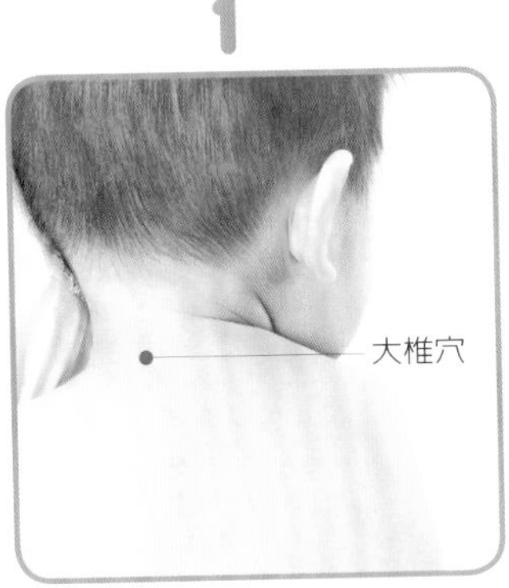

3

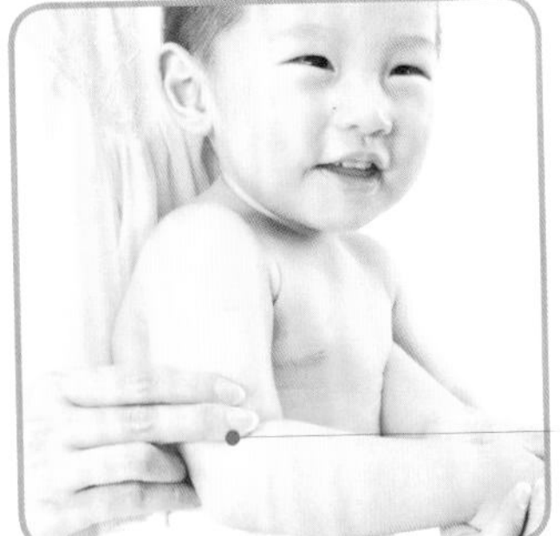

幼兒發燒按摩穴位

1. **大椎穴**：第七頸椎棘突下，約與肩等高。
2. **定喘穴**：大椎穴旁開半橫拇指寬處，左右各一。
3. **曲池穴**：肘橫紋與肘尖之間

提昇嬰幼兒抵抗力

帶幼兒出入公共場所，可讓小孩口裡含一顆紫蘇梅，因為梅子有抑制細菌，紫蘇有強化氣管，鹽有消炎、殺菌的作用，可減少病毒從口鼻侵入的機率。

克，六歲以上服二公克。此乃平時無病時最佳預防上品，如仍有疑問，可請教中醫師。

(7)、可至中藥房買等份的雄黃、艾草、乾薑，研成粉末，灑在房子周圍、窗縫、角落及床下等，減少毒蟲入侵，保持屋子四周環境乾淨，避免蟲類入侵或帶來病毒細菌。

(8)、屋內的冷氣濾網更要經常清洗，避免孳生細菌病毒。

(9)、地毯亦容易藏細菌，如有嬰幼兒儘量避免使用。

(10)、如必須帶幼兒出入公共場所（如至醫院看病拿藥），可讓小孩口裡含一顆酸梅（紫蘇梅或紅鹽梅），嬰兒可在舌尖抹一點鹹梅粉，因爲梅子有抑制細菌，紫蘇有強化氣管，鹽有消炎、殺菌的作用，可減少病毒從口鼻侵入的機率。

總之，注意寶貝的穿著勿太悶，不要影響到排汗散熱的順暢，出汗後勤換衣服，多給予白開水，少吃冰、冷飲，多幫您的寶貝全身按摩，必可平平安安長大。

嬰兒啼哭不止的原因與解決之道

嬰兒哭鬧不休可能是因爲口渴、饑餓、尿布濕透、大便貼在屁股、內衣濕透、皮膚搔癢、腸絞痛、便秘、感冒發燒、拉肚子、受驚害怕、長牙、鼻塞等等，解決方法如下：

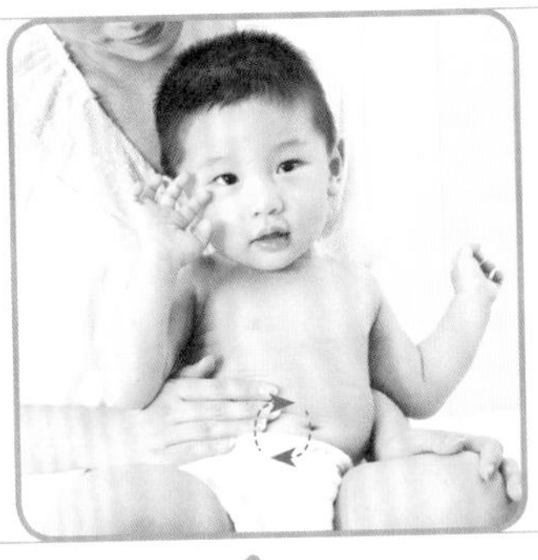

1

2

嬰幼兒肚痛按摩方法

1. 先用手掌輕輕地以順時鐘方向畫圓按摩小寶貝的肚臍。
2. 以手掌用力搓熱小寶貝兩手手掌肥肉（胃腸反射區）。

⑴、**口渴、餓了**：給溫開水、餵奶。

⑵、**尿布濕透了、大便黏在臀部不舒服**：趕緊更換尿布。

⑶、**內衣濕透**：第一次做父母的人，往往害怕小寶貝感冒，總是給寶貝穿了一件又一件的衣服，外出的時候還要穿上帽子、外套與襪子，那眞會把小孩悶著了。因爲嬰幼兒體質秉性純陽，體溫容易上升，所以常常頭汗、背汗一堆。倘若您摸他（她）的手心腳心都是溫溫的，就不需穿太多衣物，反而是要注意是否口水弄濕了胸前，或背心出汗太多而濕透內衣，這時候要趕緊換內衣，否則小寶貝就會容易感冒了。

⑷、**痱子、濕疹、屁股癢（尿布疹）**：衣服濕透或尿布沒有經常更換，加上環境潮濕，就容易得疹子。除了看醫生外，我們可到菜市場購買兩三條苦瓜，切小塊不用去籽，用大鍋加水八分滿，煮沸後，再滾數分鐘，去渣，等水溫變溫之後，再給您的小寶貝洗澡。或到中藥房購買「中藥痱子粉」直接撒在小寶貝身上。苦瓜及這些中藥都有止癢消炎的作用，小朋友皮膚一舒服就不會哭哭鬧鬧了。

⑸、**腸絞痛**：三個月內嬰兒的腸子往往未能正常蠕動，把食物向前推，結果許多空氣氣泡和其他氣體在腸子收縮時堵塞累積，因而產生痛苦。多半發生在下午五點到十點之間，我們

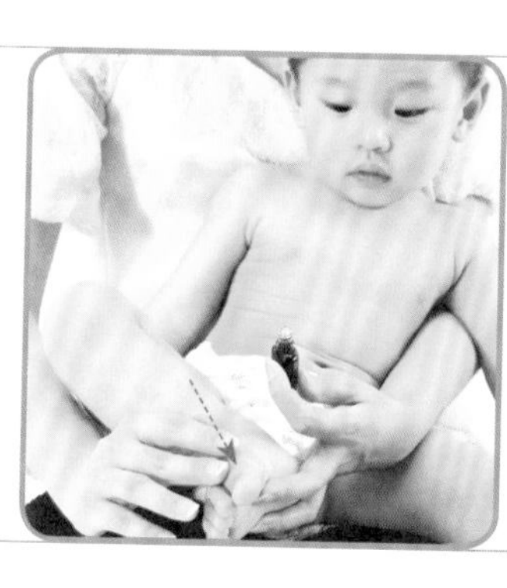

嬰兒便秘按摩方法

以大拇指壓按小寶貝的肚臍平行線一圈，每天二、三次約五分鐘。

嬰兒感冒發燒按摩方法

用綠油精或白花油塗抹在大拇趾的上覆面，搓揉三分鐘（喉嚨的反射區）。

可先用手掌輕輕地繞圈子按摩小寶貝的肚臍（順時鐘方向），然後以手掌用力搓熱小寶貝的手掌肥肉，即大拇指下方像魚肚的肥厚區，乃胃腸反射區，左右手都可搓揉。此時若能聽到小寶貝排氣放屁，那就沒事了。

⑹、**便秘**：小寶貝如果常常兩三天才上大號，表示體內過於燥熱，腸子滋潤物不足。假如嬰兒已滿四個月，可開始給予些能滑腸助蠕動的固體食物，如新鮮奇異果、水梨水果泥、不冰的愛玉或仙草、甘蔗汁、果醬等，同時以大拇指壓按小寶貝的肚臍平行線一圈的腹部周圍五分鐘，每天兩、三次，幾天後排便就會正常了。

⑺、**感冒發燒**：如果已經看了醫生或吃了藥後，發燒的頻率仍然重覆一直來，令人很擔心。我們可以將一些涼的精油，如圓正德精風油、白花油、綠油精、萬金油、保心安油等，塗在幼兒的雙腳大拇趾的上覆面，然後搓揉三分鐘，此處為喉嚨的反射區，小朋友發燒經常是喉嚨發炎引起的，涼的精油可以消炎退熱。倘若幼兒仍然高燒不退，已經超過攝氏四十度，又一時無法就醫或吃藥無效，此時應就醫。

⑻、**拉肚子**：小朋友的大便若是時常水水的，表示體內濕重，胃腸吸收不佳。需多按摩其腳底內側面三分之一處（左右腳都

要按摩），每天數次，每一腳數分鐘。因爲這裡有能除濕止瀉的公孫穴。另一方面，可用手掌輕輕地用逆時鐘方向繞圈子按摩小寶貝的肚臍周圍幾分鐘，來改善腸胃的機能。

(9)、**受驚害怕**：當小寶貝受到驚嚇時，例如碰一大聲的關門聲，其兩眉之間常會出現較青的顏色，在夜晚哭個不停。此時候可用手指肉，輕輕按摩嬰兒耳朵正後面的側頸部，並且拉幾次他（她）的耳尖與耳垂，然後再以順時鐘方式，按摩肚臍周圍，即可緩和嬰兒受驚的情緒。

(10)、**長牙**：牙冒出來時可能會使嬰兒啼哭，可從幼兒的腳趾根輕輕按摩，可減少其痛苦，使牙長得更順。

1

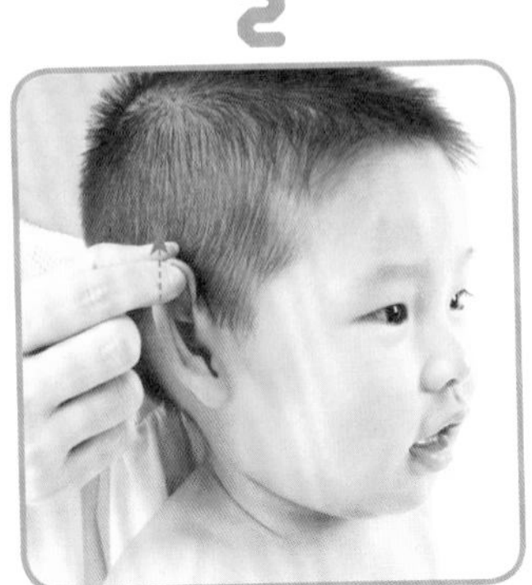

2

嬰兒受到驚嚇按摩方法

1. 輕拉幼兒耳尖
2. 輕拉幼兒耳垂
3. 按摩耳朵正後面的後頸部
4. 以順時鐘的方式，按摩肚臍周圍

嬰兒拉肚子按摩方法

用手掌輕輕地用逆時鐘方向繞圈子，按摩小寶貝的肚臍周圍幾分鐘，可改善腸胃的機能。

嬰兒拉肚子按摩穴位

公孫穴：腳底內側面三分之一處（左右腳各一）

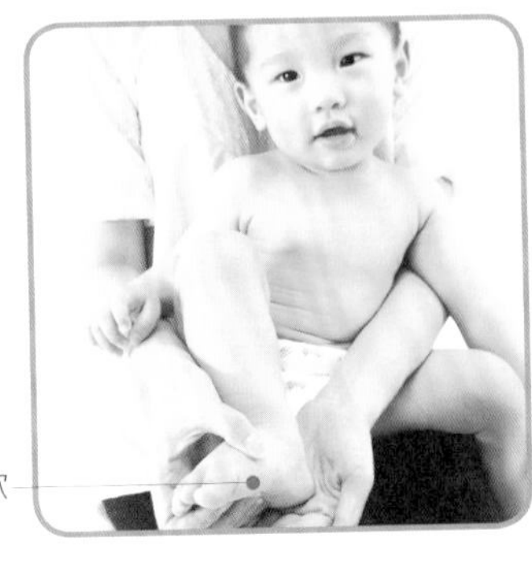

3

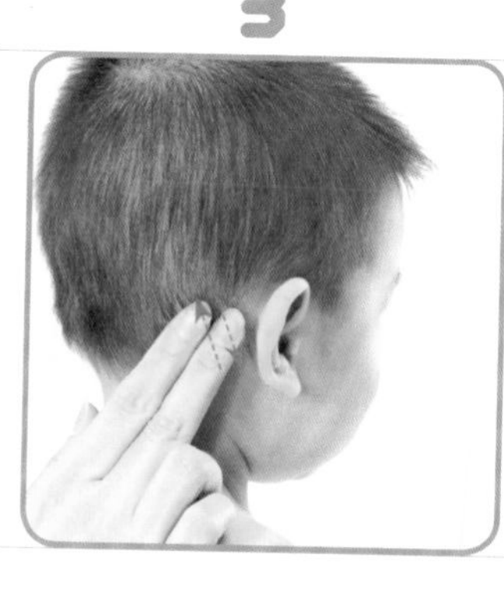

4

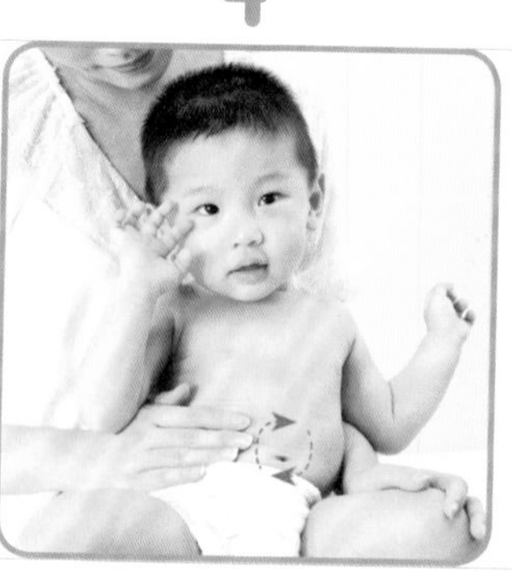

⑾、**鼻塞**：幼兒感冒時，即使已看過醫生服過藥，鼻涕常會阻塞鼻腔，使得他們用嘴巴呼吸，結果導致口乾和喉嚨發炎，因而一整夜哭鬧不休，此時可將一、二個洋蔥切成碎片，然後用棉布或大手帕包住，放在小寶貝的床頭，空氣中便會佈滿洋蔥的辛辣氣味，它含有二硫化物、硫氨基酸及硒等物質，能使開竅通氣，增強氧氣的運輸來供給細胞呼吸，使小寶貝呼吸順暢，就能夠睡覺了。

小兒尿床

很多媽媽常抱怨，小孩都已上小學了還會尿床，不但容易感冒，而且時常要清洗被子，眞是困擾。這是因爲這樣的小朋友多半是容易緊張或體質較寒，若愈嚇他、愈逼他，神經反倒繃得更緊，應該多多肯定他的行爲，多多擁抱他，找出令他緊張的原因。

並且每天早上及下午三點～五點之間各喝一杯桂圓茶，因爲龍眼有補血、暖身、安神及開胃益脾的作用，血一補足，身子溫暖，神經一穩定，膀胱功能自然就會正常，記得喝完桂圓茶後，要做幾分鐘柔軟操，尤其要多做雙腳的運動，以引火下行，避免補得太過燥熱。

小兒食慾不佳

小朋友食慾不佳，此時不妨吃些陳皮乾、黃橄欖，讓口水分泌增加，胃口大開。

此外還可以請小朋友常常用一腳站立，所謂「金雞獨立」的功夫，如右腳站立時，兩手可打開來平衡，特別注意左腳的膝蓋，要高過自己的肚臍，因爲一腳支撐體重，另一腳的大腿一抬高，就可加強「膀胱括約肌」的機能，但是每一腳得站立五～十分鐘，才會有作用。以上這兩種方法，對大人的頻尿也有效用。

小兒食慾不佳

夏季天氣炎熱，大大影響食慾，尤其小朋友們更不愛吃飯。此時不妨吃些可促進胃腸蠕動，讓胃口大開的食物，如撒些梅子粉、橄欖粉在番茄、番石榴等水果上，一方面使果肉更甜、更好吃，一方面促進食慾；或給孩子們吃一點陳皮乾、山楂片、黃橄欖、酸梅（片），或在菜湯裡下一些香菜、九層塔、白胡椒和茴香等辛香佐料，都可讓口水分泌增加，胃口大開。

小兒磨牙

當夜半時分，四周非常寧靜，作父母的還在忙著家事時，突然聽到自家的小寶貝一陣嘎吱嘎吱的刺耳磨牙聲，令人不禁雞皮疙瘩掉滿地。隔日媽媽急忙帶去看牙醫，檢查了牙齒又沒怎樣，但每天磨牙實在令人擔心。

倘若小朋友的牙齦有白點，或臉上有乾燥淡白色斑，屁股會癢，多半是寄生蟲在體內作怪。但多數的小孩磨牙的主要原因是神經緊張所造成，也許是功課壓力，也許是求好心切，也許是老師、同學的壓力，找出原因解決，就不會再有磨牙的困擾。

幫寶寶勤加按摩，減緩身體不適

小寶貝容易受到驚嚇或是因腸胃不舒服、感冒發燒等情形而哭不停，父母可透過輕輕按摩方式，幫助小寶貝減緩身體不適。

清洗奶嘴的妙招

小嬰兒都有吃奶嘴的習慣，但是多半吃吃吐吐，奶嘴經常掉在地上，容易弄髒致病。許多粗心的父母往往隨手用衛生紙或衣服擦拭，事實上奶嘴上一定有小嬰兒的口水，總會黏著許多髒東西，根本不易擦乾淨，小寶貝重複感冒腹瀉，也許就是這樣來的。建議隨身準備一罐寶特瓶，內裝鹽開水，隨時可沖洗奶嘴，因為鹽有殺菌清潔的作用，可讓寶貝吸得開心。

嬰幼兒病後餵食

感冒發燒、拉肚子好幾天後，焦急的父母眼看自己寶貝的面孔瘦削了許多，只要病情一好轉，不再腹瀉，就趕緊餵食他（她）大量的食物，就生怕營養不夠，結果此時病人的腸胃功能尚未健全，反而又開始拉肚子、腹痛，因為復食太快，難免會二度傷害腸胃機能。

建議讓久瀉的病人，在病剛好時先餓個一、二頓（只喝水），或稍稍給予容易消化的食物，等待胃腸恢復充分些後再進食，這樣一來反而痊癒得更快。

嬰幼兒洗澡宜開浴門

洗澡時為了禮節或怕冷，總是把浴室的門窗關的緊緊的，深怕有人偷窺或著涼。尤其是幫嬰幼兒洗澡時，更是不忘關緊門窗。

其實，如果沒有被偷窺顧慮的話，洗澡時最好打開浴門，因為當您鎖緊門窗時，由於熱水的熱氣會使浴室內的溫度升高，讓身體適應在高溫的狀態，全身的毛細孔都打開，所以洗完澡一打開浴門，突如其來的冷空氣，會頓時使體內的控溫中樞，無法及時反應恰當，在剎那間就容易感冒。

假如洗澡時門一直開著，雖說空氣較涼，但身體一直適應著一定的溫度，所謂處於「恆溫狀態」也就不易著涼。

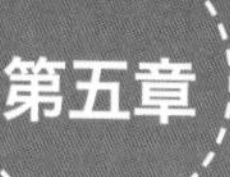

善待你的身體

健康養生方案

善待你的身體

健康養生方案(一)飲食方面

吳醫師小叮嚀

早餐種類要多，時間要足，得慢慢吃；中餐要好要飽，不要急；晚餐要早、要少；宵夜莫吃，會增胖減壽。

怎樣吃早餐？

三餐裡以「早餐」最重要，因爲它提供一天當中所需要的營養及能源的大部份，早餐往往會影響每一天的精力好壞，甚至於也影響到一天裡腦力的吸收與運用的結果。

因此，早餐要吃的像在大飯店享用豪華自助餐一樣，愈豐富愈好，「理想的早餐」包括：一碗飯（一塊全麥麵包）、一小碟蔬菜、一杯豆漿或米湯、一個水煮蛋或蒸蛋、一個水果或一杯現榨果汁、一點堅果（松子、核桃、栗子、葵瓜子、夏威夷豆、開心果等），並且要從從容容、開開心心的用餐，才能讓胃腸愉快的消化所裝下的食物。

假如沒有時間在家裡準備，則可到超市或便利商店購買以下建議的幾種早餐：

⑴、一個御飯團（飯比麵包營養；海苔、魚類或肉鬆可提供良好的蛋白質及DNA核酸營養。）

⑵、一罐黑豆漿（營養豐富含鈣多，又不會像牛奶容易引起氣管或腸胃過敏，超市裡已有罐裝新鮮黑豆漿或鋁箔裝）

早餐

午餐

(3)、一個奇異果（營養排名第一的水果，維生素C為檸檬的一點四倍，而且只要一把小水果刀及一隻小湯匙就可方便食用，可買幾顆放辦公室隨時可吃）

(4)、一湯匙綜合堅果（可提供精力與良性膽固醇，市面上有出售小包裝的綜合堅果，內裝有腰果、南瓜子、枸杞子、杏仁、葡萄乾、香蕉乾等，大約六公分長，四公分寬的包裝，很方便攜帶）

怎樣吃午餐？

午餐，大多數的人仍然吃得很簡單、很隨便、很匆忙，尤其是上班族，例如只吃一個三明治、一瓶牛奶，或一碗麵，或是一個簡單的便當等，一吃完便馬上趴在辦公桌睡覺，這樣一來橫膈膜被頂住，不僅堵住了胃腸正常的蠕動消化，也不夠產生應付工作所需的足夠精力，所以才會在冷氣房裡發冷生病、精神不振和手腳無力等等。

理想的午餐至少仍然要包括一碗飯、二小碟蔬菜、一碗湯、水果和點心，以及足夠輕鬆咀嚼消化的時間。例如到日本料理吃簡便但全套的「定食餐」，花樣多又營養均衡，而且不會讓人飽得下午打瞌睡。

怎樣吃晚餐？

至於晚餐怎麼吃呢？晚餐則要吃得少，所謂簡單、精緻和營養。如少吃肉類、甜食及炸的食物，多吃蔬菜水果，建議到秤重量計價的素食

晚餐

果汁含有豐富纖維質

餐館，選取多樣化的蔬菜與水果，以符合每日需吃三十種以上食物的健康原則。即使要吃肉也以魚肉爲佳，以免增加身體的負擔。

另外，晚餐要吃得早，最遲不要超過七點，愈晚吃晚飯就愈容易囤積肥胖，因爲大多數的人在晚飯後，並沒有機會消耗掉多餘的能量，而且晚餐通常是一家人聚在一起，是最輕鬆、最有時間吃東西的時候，菜色菜量多半比早午餐豐富，這時人也最慵懶，一吃完一定就攤在電視前面，什麼飯後散步、運動，全會忘得一乾二淨。

而晚餐一吃多、吃得晚，就影響了早餐的食慾，而吃不下早餐或不吃早餐，這樣惡性循環之下，身體那會健康呢？有的人還有吃宵夜的習慣，那更不好，不僅胃腸沒有時間休息生養，回家倒頭就睡，只會胖得更快。

怎樣喝果菜汁？

每日以一個奇異果、二個蘋果（去掉蒂及子）、一個李子或水梨、大黃瓜一小截約六公分長、一條西洋芹菜打成果菜汁，並在十五分鐘內喝完，最適合在兩餐之間喝，可適用於輔助治療各種疾病。

已有前輩使用在便秘、肝斑、雀斑、老人斑、蜘蛛痔、青春痘、高血壓、肝病、肩痛、減肥等等病症上，飲用期間由一星期～三個月不等，皆獲得不錯的結果。

喝羊奶可補充鈣質

虛寒者可多吃粥

蔬果含有豐富的維生素、礦物質及纖維素，口感不錯又能滿足營養所需，且都是天然食物，不用擔心副作用的問題，不妨喝喝看。

吃素的人如何吸收鈣？

根據非正式統計，長期吃素的人較容易發生骨質疏鬆或摔倒骨折，那是因為鈣質的吸收機轉，需要動物的脂肪（肉類）及維生素D_3的配合，才有作用。素食者不吃肉，可用羊奶來替代；對奶類較敏感的人，可在奶中加一點鹽巴，可助消化其蛋白質。至於維生素D_3的取得，就得每天早晨或傍晚讓裸露的肌膚多曬點陽光，人體才能自動產生。

虛寒的人怎麼吃？

體質虛弱、怕冷、怕風、缺氧及容易疲勞的人，應該多吃「營養而溫性」的食物，例如炒長青椒、咖哩飯、大頭菜湯、洋蔥蔬菜湯、炒紅菜、炒青花菜、炒橄欖菜、水煮茼蒿菜、紅燒海參、紅燒鰻魚湯、水煮蝦、山藥排骨湯、薏米山藥粥、龍眼肉粥、雞骨頭燉干貝湯、紅棗枸杞粥、小米粥、糙米薏仁粥、四神湯、芝麻糊、芝麻飯、蓮子湯、玉米湯、葡萄（乾）、紅葡萄酒、紅豆湯、紅蘋果、櫻桃、糖炒栗子、生松子、蜜炒核桃、蓮藕粉、花生湯等。記得吃完後散步一下，才不會火氣大。

貧血者可喝酸梅湯

貧血可多吃深綠色蔬菜

貧血的人怎麼吃？

貧血的人經常會感到頭暈眼花、視力減退、臉色蒼白、心跳不規則、失眠或整天睡不醒、記憶及思考力衰退、呼吸很淺像吸不到空氣一樣、手腳冰冷、一爬樓梯就喘等症狀。

引起貧血的原因很多，可能是吸收不良、一天排便次數過多（輕瀉多次）、紅血球再生減少、失血過多和發生溶血現象等。現代醫學常採用補血劑、鐵劑、維生素B_{12}、葉酸、輸血及副腎皮質荷爾蒙，嚴重時則需作切除脾臟或骨髓移植手術。

傳統醫學則認爲貧血與肝、脾、心和腎的功能都有關係，因爲「肝能藏血」，即指肝能儲備血液來應急；脾統血，主運化（消化轉輸），爲生血之源；心主血，與血液供應和輸送有關；若腎虛則精髓空虛（骨髓功能差），造血機能產生障礙而致血虧。因而除了多吃補血的食物外，如何旺盛此四個臟器的功能，亦是貧血者的重要課題。

婦女因每個月有生理期的問題，所以貧血的機會比男人大些，除了多吃深綠色蔬菜、髮菜、芝麻、紅棗、龍眼（乾）、葡萄（乾）、梨、蘋果、小米粥、動物的肝臟（豬肝最佳）、蜂蜜、藕粉、麥胚芽、粗麵粉、啤酒酵母粉以外，還得喝點酸的飲料或酸的水果，如柳丁汁、檸檬汁、乳酸菌及酸梅湯等，因爲食物中的鐵遇到酸，才能完全地吸收。

氣色不佳可吃柿餅潤肺

骨質疏鬆多補充鈣片

氣色不佳的人怎麼吃？

面有菜色，氣色不佳的人，多半體弱多病、能量低落，往往也沒辦法集中精神，掌握好時機，發揮好運氣。

不妨將等量的栗子（煮熟）、紅棗、核桃及柿餅，去核，混在一起搗爛，加入麵粉，做成大餅，像現在許多麵包糕餅店所做的核桃餅、棗泥餅等一樣。或用五個栗子、三個紅棗、三片核桃及一個柿餅，加水三碗，煮成甜湯，大人小孩都愛吃。栗子入腎，紅棗入胃腸和肝，核桃入腦，柿餅潤肺，每日吃一些，氣色即可逐漸轉好。

骨質疏鬆症患者怎麼吃？

罹患骨質疏鬆症者的骨頭會逐漸變得脆弱，在平時往往沒有任何癥兆，一旦遇上輕微的碰撞損傷，才發現骨頭折斷或壓縮變形，有時甚至於一些普通的活動，如打掃、爬樓梯、彎腰撿東西等，都可能引起摔斷骨頭。嚴重時，背部彎曲，身軀矮縮一截，常會有持續性的背痛。

此病的確實原因不明，可能是長期缺乏運動、腸胃吸收不良、長期服用類固醇或其他藥物、長期腹瀉、偏食、老化過快及腎功能異常等等。除了注意多補充含鈣的食品外，應多咀嚼口中的食物幾遍，使本身的唾液腺分泌充足的消化酵素，幫助胃腸多吸收精微物質，營養骨髓，並且每天規律散步半小時～一小時，才是最佳選擇。

骨質疏鬆多吃魚類食物

骨質疏鬆少喝咖啡

人體可以自行合成維他命D_3，但需要太陽光的照射轉化，只是曬太陽對於現代常坐辦公室的人來說，並不是那麼容易，而且多數怕紫外線的副作用，所以吞服合成的天然維他命D_3，比較方便和規律。

有骨質疏鬆症的人，可適量服用加有維他命D_3的鈣片，並吃點魚類、肉類，因爲鈣必須靠維他命D_3及脂肪，才能完全吸收。並配合每天傍晚時，散步三十分鐘，如此持續三個月以上，骨質密度就可好轉。因爲散步對骨關節活動剛剛好，不會像跑步刺激過大。

另一方面，每天吃全素的人，因食物中無動物脂肪，無法有效吸收鈣，較容易骨折，補救的辦法是每天喝羊奶，因其脂肪結構較細，容易吸收。

咖啡與骨質疏鬆

咖啡味道香醇撲鼻又提神，令許多人愛不釋手，但是咖啡有咖啡因，會刺激神經系統、胃黏膜，使胃液分泌過多及令人上癮，容易愈喝愈重，導致胃潰瘍與心臟病的機會增加。而且咖啡有很強的利尿作用，往往會把身體內的維生素或礦物質等沖刷出去，尤其體內的鈣更容易流失掉，建議常常腰酸背痛或罹患骨質疏鬆症的人，要少喝咖啡。

改善吃補易上火的方法

很多婦女明明「體弱多病」，可是只要一吃較補的食物或中藥，如龍眼、荔枝或十全大補湯等，就喉嚨痛、牙痛或流鼻血，因而卻步。

其實補的東西多半含「火」的能量較多，而火的特性都是往上攻，所以凡是吃補後，應散步半小時以上（室內踱步亦可），或練「金雞獨立」（以一腳站立，兩腳各站五分鐘以上），以引火下行，使補的能量補到該補的地方去，並均勻分配至全身各處，而強壯身體。

吃補上火氣功運動

「金雞獨立」氣功式：以右腳站立，左膝盡量抬高過肚臍，然後兩腳交換，各五分鐘以上。

吃完冰品可勤按摩

在吃完寒涼的食物後，馬上按摩胸口及肚臍，讓體內的微循環稍為加速，就可減少冰冷食物的影響。

如何吃冰冷食物？

台灣四面環繞海洋，氣候潮濕，如果吃太多寒涼的食物，如西瓜、香瓜、新疆瓜、葡萄柚、橘子、鳳梨、汽水、可樂、椰子汁、生的小黃瓜、大白菜（煮熟的一樣很冷）、冰品等，將會大大影響氣管、腸胃、子宮、月經和生育的功能，因爲寒涼會使體內微循環不佳，導致各項內部器官功能遲滯、出問題。

身體內大部份的器官都喜歡溫暖，晚上整體溫度降低，陰氣勝而陽不足，若再吃冰喝涼，體內累積的寒與外界的寒，結合相應在一起，所謂「寒則凝血」，意即血循環受到寒冷時，容易凝結瑟縮，而血循環這個交通網路一不好，營養及廢物的輸送就會不順，身體內各個系統的功能，也就會逐漸變差。

吃冰吃得很過癮時，會覺得好舒暢，那是由於冰水會先使氣管擴張，使您暫時舒服，但若常常接受冷的刺激，其管徑會逐漸縮小，容易感冒、鼻過敏及哮喘等。

而且日積月累之下，不只造成呼吸系統的問題，也會造成月經來時疼痛不順、子宮瘤、落枕、骨節酸痛及腸胃疾病等等，後患無窮。

倘若實在擋不住冰品的誘惑，那麼就儘量選擇在日正當中、陽氣重（能量較足）的中午時分吃，並在吃完這些寒涼的食物後，馬上按摩胸口

細嚼慢嚥助消化

喝早茶神清氣爽

及肚臍周圍，讓體內的微循環稍為加速，就可減少這些冷的、壞的影響力。

養成細嚼慢嚥的飲食習慣

吃東西宜細嚼慢嚥，少量多餐，每一口食物要咬到夠爛，才能吞下去，這樣一來，不僅可以細細品嘗食物的原味與美味，並且讓口中的唾液腺（舌下腺、腮腺、頷下腺），分泌足夠的消化酵素幫助消化，何況多咀嚼較能充分吸收食物的精華，而且不會發胖。

吃東西很快的人，會把較多的空氣帶進胃腸，引起脹氣，且容易發胖、得到胃病。少量多餐，是使一個人身體保持活力充沛最好的方法。

從今天起開始改變飲食習慣，只需幾天的時間，就會發現已一掃飽食終日萎靡不振的樣子，何況科學家已証實，每一口食物咀嚼三十次，唾液中便產生抗癌殺菌物質。

早酒晚茶易傷身

晚上喝一小杯酒，可促進心臟的活動力，幫助血液循環，抵抗夜半的陰寒之氣，以免落枕或著涼。假如在早上喝酒，卻會容易影響頭腦的運作，和擾亂神經系統，常在早晨就喝酒的人，大半是道地的癮君子，手抖神昏。

口含冰塊可解酒

早餐後可喝一、二杯茶

茶葉大都產在多霧濕冷的山上，秉性寒冷，因此，體質虛弱怕冷、鼻子容易過敏、常輕微拉肚子的人（大便經常水水稀稀的）就不適合喝一般茶，可改喝普洱茶，能暖胃補氣。

假如眞的很喜歡喝茶，建議在早上只喝一、二杯，早餐後喝茶可使頭腦清明、神清氣爽，讓一整天的工作都有精神。下午或晚上長期喝茶，尤其喝濃茶的話，其強烈的刺激可能會影響心臟、胃腸、腎臟及神經等功能，久而久之，多半會讓人變成慢性疾病或失眠患者。

口含冰塊解酒妙方

生意場上要拓展業務，常免不了要喝酒應酬，但酒喝多了，又怕傷肝，兩相衡量之下，很多人會藉尿遁，到廁所中以手指挖喉嚨，把酒吐出來，洗把臉轉身出去再戰。

此舉雖可馬上減輕酒意，卻容易傷了胃氣（消化吸收功能），影響全身的營養。其嘔吐所釋出的酸，也會侵蝕牙齒。如果嘔吐次數過於頻繁，更會使鈣離子流失，造成骨質疏鬆症，得不償失。

最好的辦法是在嘴裡不斷含著冰塊，或一小口接一小口喝大量冰水，因爲冰塊可迅速降低酒的火性，化成水，藉尿排出，保持頭腦清醒。千萬不要混合其他酒類、果汁或汽水等，否則只會加重肝臟負擔，醉得更快。

喝酒會降低復原能力

煙酒會讓手術復原能力降低

煙酒一進入人體，就會迅速消耗身體內各器官所需的「氧氣」，大大地減低免疫及復原功能，像身體缺氧時，癌細胞會繁殖得更快。如果發生車禍、火災和工作傷害等意外，一旦需要動手術時，有吸煙喝酒習慣的人，傷勢會很不容易復原。

美國好萊塢有一位很出名的整型醫師，手術前一定要求他的客戶在治療期間戒掉煙酒，否則就不予動手術，以免手術不成功，壞了他的名聲。

善待你的身體

健康養生方案（二）睡眠方面

吳醫師小叮嚀

工作忙累，睡眠不夠，在中午一點至二點，小睡一下，即使只有十分鐘，對身體的平衡也會大有助益。

擁有一張健康好床

您睡床的高度是否夠高？台灣爲海洋性氣候，濕氣較重，床的高度最好能在六十五公分左右，而且床底下最好不要擺任何東西，因爲只要床底下一擺物品，就會妨礙了床下氣流的順暢，使濕氣日積月累，一點一滴滲透、侵蝕身體，影響筋骨。

另外也不要擺金屬類物品在床下，因爲金屬材質的磁場所發出來的磁波，較容易對身體產生某些干擾，影響睡眠的安寧品質。加上床下東西一多，就更容易藏髒東西，如蟑螂、蜘蛛、小蟲、屑屑等，引起其他過敏、皮膚等問題。現代傢飾所販賣的床組，往往很低且附加抽屜，乍看之下好像美觀又耐用，但其實沒有深切考慮到，對健康是否產生不好的影響。

我們的生活當中充滿了電氣用品，比如手機、電視、DVD播放機、電冰箱、電話、電腦、音響、電風扇、電燈、電子計算機等，都會發出強弱不等的電磁波訊號，多多少少影響著身體。即使是工具箱、健身器材、鐵質玩具、鐵拐杖、吹風機、衣架等鐵器製品，亦有微弱的無形波。

倘若這些物品塞在床下，或置於床頭櫃、床邊，日積月累之下，可能有礙健康或影響睡眠品質。根據日本相關的研究，甚至於會造成腦瘤、白血病、淋巴腫瘤、精神障礙及孕婦流產等，特別是利用微波傳訊的手機及無線電話，可能對腦部形成直接的傷害。

各位回想一下，不論古今中外，好的床幾乎都是木頭做的，其床底下都是空暢的（氣流暢通），且組合多用卡榫，鮮少有鐵釘，美觀又健康。

午睡的重要

午睡像潤滑油一樣，可以讓每天一直運轉。

通常中午能沉睡四十分鐘，約莫等於晚上睡兩小時，可消除一整個早上的工作疲勞，使下午更有工作效率，也可減輕一些晚睡熬夜所造成的傷害。但也不要睡太久，譬如超過一個小時以上，就容易影響到晚上的睡眠品質，像是睡不沉或睡不著。如果再沒時間，找機會瞇個十、二十分鐘，對體力的恢復，亦大有幫助。

擁有一張好床

可消除一整天的工作疲勞，對體力的恢復，也大有幫助。

剛吃飽午餐，必須散步一下，如十五分鐘左右，或重複輕念六十遍中國古老內功口訣「噓、呵、呼、嘶、吹、嘻」（不需配合動作），運動一下內臟系統，肚子就會輕鬆愉快。

可惜大部份的上班族與學生們一吃完午餐，便倒頭趴著午睡，這樣躬著身子會使胃部頂在心窩胸口上，濁氣堵在腹中，不僅消化不良，並且可能整個下午都會不暢快，昏昏欲睡。

睡眠的訣竅

同樣幾小時的睡眠，爲什麼有的人睡的很少，可是起來後卻精神奕奕？有的人熬夜後，在白天睡了十幾個小時，甚至於睡了一整天，卻仍然疲倦的要命，爲什麼？

人體的交感神經性質屬陽，具有興奮、活動、消耗的作用，在白天緊張忙碌地運作著，而在傍晚與太陽昇起之前蟄伏休息。所以，如果熬了夜，想在白天補睡回來，可是不管怎麼休息，睡一整天，甚至於連睡幾天，一個禮拜，其睡眠品質仍然很不好，因爲白天正好是交感神經興奮的時間，它要工作時，您卻硬要它好好休息，那是相衝的。

晚上是人體各個系統休養、更新、再生的時間。這時副交感神經呈現活躍狀態，其性質屬陰，具鎮定、抑制、收斂、充電之作用。因此在半夜工作或讀書，一定效率不佳。所以，最好是晚上九點上床，再晚也

不要超過十一點睡覺。

晚睡熬夜特別傷身體，超過三、四十歲的讀者，應該有感覺，爲什麼現在熬夜，不像年輕的時候恢復那麼快。我們要特別記住：「任何人都無法幫助您那失去的睡眠時間，只有自己可以救自己！」

K書睡眠法

學生們如果爲了考試而熬夜K書，效果反而不好。建議早點吃完晚飯後（五、六點之間），懷著輕鬆的心情，散步至少五百步，讓胃腸消化一些，氣順了，再開始讀書。然後在九點上床睡覺，凌晨三、四點再起來念書。

雖然睡眠時間仍然不太夠，但順著我們的生理時鐘行事，比較不傷身體，且較有精神，有效率，好記東西。一整天下來，也比較不會疲倦。

良好的睡眠習慣

晚上是人體各個系統休養、更新、再生的時間。所以，最好是晚上九點上床，再晚也不要超過十一點睡覺。

善待你的身體

健康養生方案（三）運動、穴道按摩方面

吳醫師小叮嚀

人一累，就會火氣往上跑，頭重腳輕出意外，因而常做腳趾運動、轉腳踝、泡腳，就可引火歸源少生病。

運動腳趾頭治腰疾

上班族常常需要長時間的辦公或開會，不得中途離席，以致產生很多毛病，諸如腰酸背痛、膀胱敏感、尿道炎等等。這時候我們可以伸直雙腳，把腳趾頭儘量張開數秒鐘（同時緩緩吐氣），再儘量收縮捲起數秒鐘（同時緩緩吸氣），重複作幾次開合時，就會感覺腎臟、膀胱、膝蓋及後腰的部位，都會運動到，使該部位的循環變好。

由於是在桌子底下或鞋子裡操作，所以不致於影響別人與引起老闆的注意，假如無法順利地張開腳趾頭，即意味著身體整個背後的循環及經絡都很緊，也表示體內健康狀況不是很好。

腰疾氣功運動

「運動腳趾頭」氣功式：1. 張開腳趾頭吐氣。

2. 收縮腳趾頭吸氣。

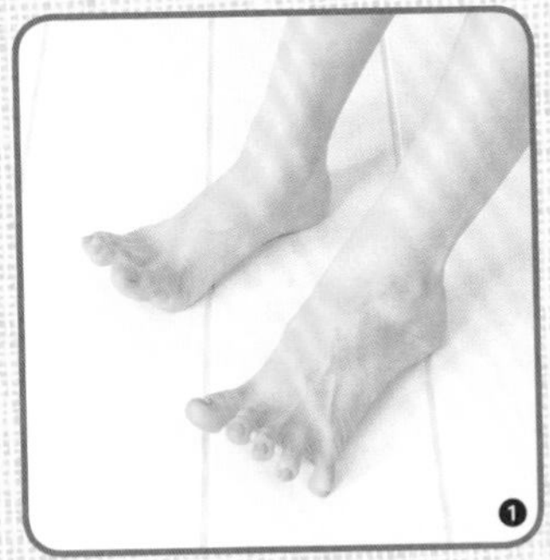

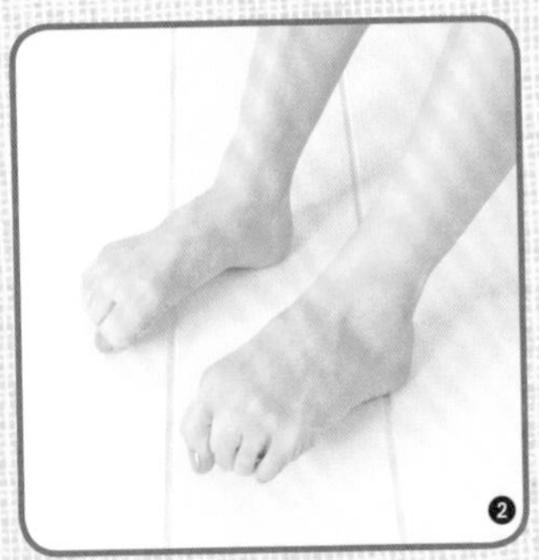

按摩枕骨周圍治眼疾、鼻病

按按後腦一塊凸出的骨頭（枕骨粗隆），如果發現即使輕輕的按，也覺得很痛，那表示此刻眼睛一定非常疲勞，或者鼻腔正難過著。可能已經看了很久的電視，還是打了幾個鐘頭的電腦；要不就是鼻子過敏、感冒了。

因爲後腦枕骨地區有視覺反應區（頭皮針），也有很多治療目疾、鼻病的穴道，如玉枕穴、風池穴、風府穴、腦戶穴、腦空穴等，所以愈是覺得疼痛的點，更要經常掐按，可常保鼻眼的健康。尤其，對常常需要長途開車或熬夜的人，即時按一下，瞬間讓眼睛明亮、呼吸通暢，可免意外的發生。另外針對近視、老花眼及鼻過敏，也有相當好的預防效果，値得您多按摩幾下。

溫水泡腳健康法

現代人長坐辦公室、電腦與電視機面前，又懶於運動，足部循環極爲不健康。但多數人不知道，倘若足部的循環變好，心臟就不需要額外「一再的加壓」，來輸送充足的血液至足部末梢，如此一來，就可減少高血壓、心臟病及中風等高危險疾病的發生。

另外，膝蓋以下到腳底的部位，有許多重要的穴道，如在腳底內側的公孫穴（脾經）、在腳背上的太衝穴（肝經）、在腳底的湧泉穴（腎經）、

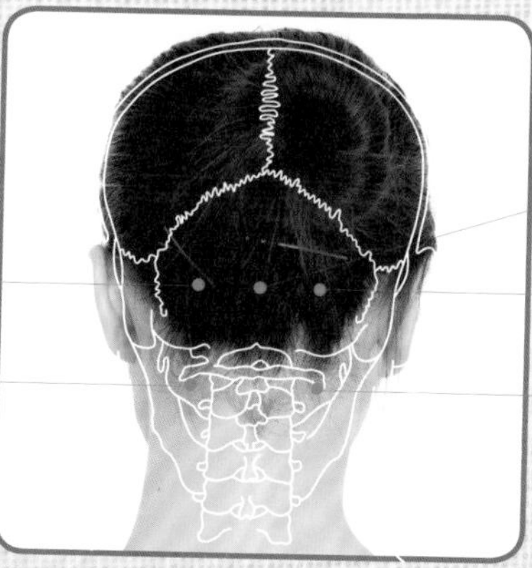

按摩枕骨周圍圖示

腦戶穴：枕外粗隆的上方（枕骨粗隆正中上緣）

腦空穴：風池穴直上與腦戶穴等高處。

風池穴：耳垂後面與風府穴（後髮際正中點往上一拇指處）之間的大凹陷處。

在小腿外側的足三里穴（胃經）、在小腿內側的三陰交穴（脾經），這些穴位俗稱大穴，每一穴都有一、二十項的治病範圍與療效。

因此，如果常以溫水泡腳，對於身體的健康是非常有益的，以下介紹幾種簡便的溫水泡腳法：

浸泡的種類

(1)、**溫水泡**：熱水的溫度要夠熱，但以不會燙傷爲原則，大約攝氏四十五度左右。

(2)、**鹽泡**：溫水中加入二大匙鹽巴，鹽有消炎、殺菌、通大便效果。

(3)、**薑泡**：溫水中加入幾塊打扁的老薑或生薑，薑有散寒除濕作用。

(4)、**酒泡**：溫水中加入一瓶米酒，或用其他酒類均可，筆者曾用過高粱、威士忌等來泡，各有其特殊的香氣薰人，並能促進循環。

(5)、**檸檬泡**：溫水中加入二個切片的檸檬片或柚子皮一個，其特殊的氣味可順氣提神、預防感冒。

(6)、**醋泡**：溫水中加入三大湯匙白醋，可中和體內的酸、滋潤皮膚。

注意事項

(1)、準備一個大且深的水桶，水位要能浸到小腿一半以上爲原則。

(2)、不能因桶小而斜放雙腳，要能舒適平放於桶底，才不致於抽筋。

(3)、浸泡時間約三十分鐘，若水涼得快，中間可加熱水一～二次。

(4)、浸泡前後宜喝一杯水，以利新陳代謝及體液的補充。

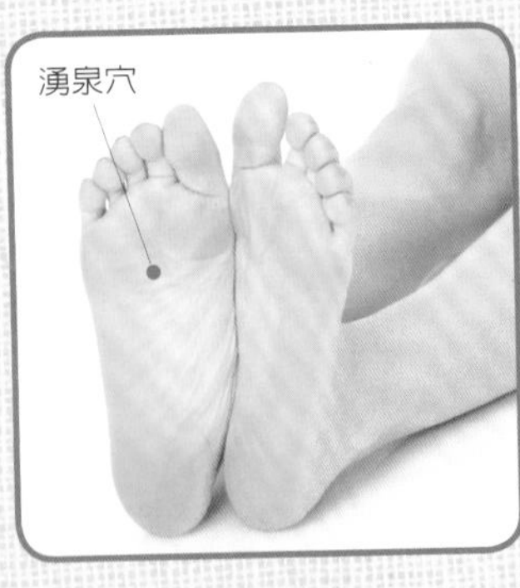

足部健康按摩穴位

湧泉穴：足趾不算，在腳底正中線的上1/3與下2/3的交點。

足三里穴：小腿前外側，膝蓋外側凹陷處，往下約四指寬處，距離脛骨前緣一指處。

三陰交穴：內踝高點直上四指寬處，脛骨內側面後緣。

太衝穴：足背，第一、二跖（腳掌）骨結合部之前凹陷處。

公孫穴：在腳背上，第一跖骨基底部的前下緣凹陷處，赤白肉際。

(5)、飯前一小時及飯後一小時，不要浸泡，以免影響食慾或消化。

(6)、扭傷紅腫期間，或有傷口，不可浸泡，以免刺激傷口發炎。

(7)、有高血壓、氣喘、心臟病者，浸泡時間宜從十五分鐘開始，若無不適再增加浸泡時間。

(8)、浸泡後若流汗不可立刻出門，因爲此時毛細孔大開，若吹風容易感冒，應擦乾汗水，休息一下，再外出。

(9)、以上每一種材料均有促進新陳代謝、加強體內循環與消除疲勞等功用，全年每天均可浸泡，特別是對常常失眠的朋友，很有幫助。

中國傳統醫學常說「病在上則治下」，上下平衡，身體就沒有毛病，這是多麼簡單易做的保健方法，不妨就馬上買個桶子來試一試！

旋轉足踝防扭傷

久坐辦公室的人，足部循環不佳，尤其是婦女朋友因職務關係，往往得穿高跟鞋，出外辦事一忙一急之下，很容易扭傷足踝，寸步難行。

事實上，在上班的空檔、午休、下班前，坐在位子上，常旋轉足部正反各三十六圈（雙腳同時旋轉同一方向，轉的時候膝蓋不彎曲。），就不至於時常發生摔倒受傷等意外。記得各種運動之前，先做此小動作，也很有效。

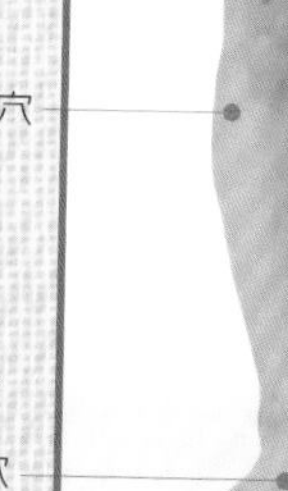

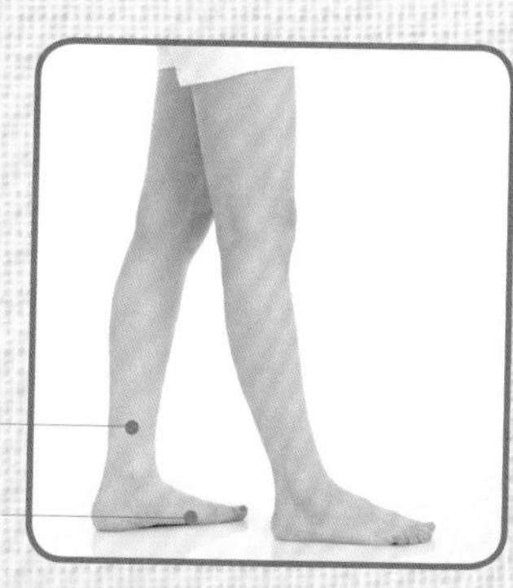

前滾翻打通任督二脈

如果能夠每天做十個前滾翻，對身體的健康大有助益，這種小時候的本能，可以使身體後正中央線的督脈，藉著滾動，連接上身體正中央線的任脈，形成一個圓融的能量，貫穿整個中樞神經系統的傳導，影響全身所謂「打通任督二脈、百病全消」。

滾動時又可使腦部分泌較多的腦內啡（Endorphin，身體自然合成的體內嗎啡，無副作用，俗稱快樂的荷爾蒙），腦內啡不但可止痛消炎，又可讓人心情愉快，樂觀面對現實生活所遭遇的挫折，何樂而不爲？練習時，記得鋪個塑膠墊子，先活動一下筋骨，並把頭部盡量往胯下鑽，且用後腦勺著地，就不會受傷。

眼功運動

今日聲光媒體多采多姿，電玩、錄影帶及電腦太過方便，反而使得眼睛過度使用，根據新聞報導，國小六年級兒童，已有半數戴上近視眼

「前空翻」氣功式

鏡。減輕度數及防止惡化，成爲媽媽心中隨時掛念的負擔。「小明，退後一點！」、「小華，不要打（電玩）太久！」這樣的叫罵聲，在每個家庭此起彼落的上演著。

想開刀，又怕將來有副作用；吃藥、添補、吞健康食品、眼睛按摩器等，又好像沒有明顯的效果。這是因爲我們每天透支視力的程度，遠比建設保養眼睛來的多。作父母的眞是傷腦筋，不知怎麼辨才好。不妨父母和小孩一起來學習「眼功」。眼功的作用：可促進眼睛循環，預防及減輕各種眼疾，如眼睛疲勞、酸澀、容易掉眼淚、近視、遠視、白內障、青光眼、飛蚊症等。

(1)、雙手大拇指關節，按壓左右眉毛下的「上眼眶」三十六次，按壓時眼眶會感到很痠痛，表示眼睛過度使用。（圖1）

(2)、將雙手四根手指尖各自壓在左右下眼眶（除大拇指外），順著下眼眶的骨頭，來回按摩三十六次，來回算一次，此時若有鼻塞，亦會打通。

(3)、閉上眼睛，轉動雙眼的眼球，左轉七圈後，再右轉七圈，接著閉眼，此舉可加強睫狀肌的功能。

(4)、雙手掌心同時按摩整個眼眶三十六圈，左手順時鐘方向，右手逆時鐘方向，可消眼睛疲勞、眼花、目視不明。（圖2）

眼功氣功運動

圖1.

以雙手大拇指關節，按壓左右眉毛下的「上眼眶」三十六次。

圖2.

以雙手掌心同時按摩眼眶三十六圈，左手順時鐘方向，右手逆時鐘方向。

(5)、以雙手掌，按摩整個耳輪三十六圈（耳朵的輪廓），直到整個耳朵發熱爲止，可以減輕眼壓或發炎的程度。（圖3）

(6)、閉上眼睛，以食指尖及中指尖，分別按壓左右兩個內眼角靠近鼻根旁之凹處（上睛明穴），同時緩緩吸氣，吸到不能再吸時，停止呼吸；停到忍不住的時候，再放開看綠色的東西（樹葉、遠山等），可瞬間讓眼睛明亮起來。（圖4）

(7)、左右手掌各自壓住左右邊的耳洞，然後各以左右手的食指疊在中指上，用力彈開食指，扣擊後腦勺四十九次，此時腦中會聽到一陣一陣巨大的鼓聲，此乃「鳴天鼓」，可促進腦部循環，使頭腦清晰、眼睛明亮。（圖5）

(8)、常常閉上眼睛，透視和感覺一下身體後方所有的景物，像是可以眞正看到東西，此舉可平衡眼睛過度向前看而所耗損的視力。

(9)、閉上左眼，以右眼平視前方之綠色葉子（可清楚看到綠色葉子的距離），然後退一步看綠色葉子；接著回到原位，再退二步看綠色葉子；再回到原位，退三步看綠色葉子；再回到原位，退四步看綠色葉子；再回到原位，退五步再看綠色葉子。然後換閉上右眼，以左眼平視前方之綠色葉子，依同樣的方法看綠葉，切記不可勉強眼睛很吃力的去看，

圖3.

以雙手掌，按摩耳輪（整個耳朵的邊緣）三十六圈，直到耳朵發熱。

圖4.

按摩上睛明穴：閉上眼睛，以食指尖及中指尖，按壓左右兩個內眼角靠近鼻根旁之凹處。

圖5.

鳴天鼓：左右手掌壓住兩邊的耳洞，各以左右手的食指疊在中指上，用力彈開食指，扣擊後腦勺四十九次。

此舉可調整眼睛的焦距，減輕近視度數。

⑽、按壓後腦突出的骨頭部位（枕骨粗隆），及其左右兩邊的風池穴（後頸正中與耳朵中間的大凹陷處）時，多半會感到痠痛，此亦表示眼睛過度疲勞、眼眶鼻腔的循環不佳，應當多按摩。（圖6）

⑾、閉上雙眼，集中意識在印堂穴（兩眉之間），然後緩緩深呼吸幾次，此舉可開智慧、增眼力。（圖7）

⑿、每天剛睡醒（眼睛尚未睜開的時候）及晚上睡覺前，至少各作一次，常保眼睛健康。

⒀、每一個動作，都可以「單獨分開」來練習，隨時隨地調整眼睛的狀況。記得練習時必須拿掉隱形眼鏡、眼鏡。

齒功運動

古早的人並無牙膏牙刷，他們怎麼保養牙齒？一是每天晨起時「叩齒」六十下，即用自己的牙齒上下用力咬合張開，發出清脆的聲音，此舉可確實鞏固牙齦。二是用手指由臉頰唇邊，按摩牙齒的周圍三、五分鐘，可促進牙齒周邊的循環，預防與改善牙周病和口瘡。

另外在晚上睡前，先漱口一次，再用半茶匙的鹽巴放在食

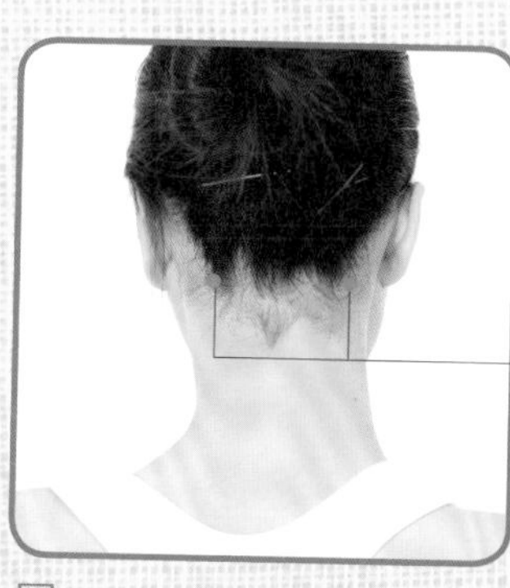

圖6.

風池穴：耳垂後面與風府穴（後髮際正中點往上一拇指處）之間的大凹陷處。按壓後腦枕骨周圍痠痛處。

圖7.

印堂穴：兩眉中間。

指、中指上，伸入口中按摩整個牙齒和牙床，再漱口，因鹽能殺菌固牙、除口臭，手指的按摩感覺絕對不同於牙刷。除了正常的飯後牙膏刷牙，配合上述三種方法，必可常保牙齒健康。

舌功運動

現代人吃東西常囫圇吞棗，根本忘了舌頭的作用，是在幫助分泌多一點的消化液，攪拌軟化食物，減輕胃腸負擔。其實舌頭還有應急的功能，像外出旅行，萬一遇到天災或其他突發狀況，一段長時間無法取到飲水，這時候可以不斷地旋轉自己的舌頭，分泌較多的津液來解渴，讓體力支持久一些，等待救援。平日亦可常常自我攪動舌頭三十六圈，所謂練「舌功」，不僅可以鞏固牙齦，其所分泌的唾液亦可滋潤五臟六腑，降低火氣。

舌功運動

平日可常自我攪動舌頭三十六圈，不僅可以鞏固牙齦，其所分泌的唾液可滋潤五臟六腑，降低火氣。

齒功運動

1. 叩齒

用自己的牙齒上下用力咬合張開，發出清脆的聲音，可鞏固牙齦。

2. 按摩牙齒

用手指由臉頰唇邊，按摩牙齒的周圍三、五分鐘。

3. 鹽巴

用半茶匙的鹽巴放在食指、中指上，伸入口中按摩整個牙齒和牙床。

善待你的身體

健康養生方案(四) 日常保健知識

吳醫師小叮嚀

中醫發現肝膽主管全身「筋」的活動，所以人一疲勞筋就緊起來，而肝經絡在身體的內側中線，膽經絡在身體外側中線，因此常做側身運動、左右搖頸、左右搖臂或側滾翻，對解除疲倦最有用。

消除疲勞勤做伸展運動

早上起來後，即作十分鐘「柔」的伸展運動，如拉筋、彎腰、搖擺臀部、柔軟體操、太極拳、達摩易筋經等軟性動功，能暢通血液循環，消除一整個晚上大地降溫的寒氣，避免筋絡潮溼、身體僵硬疲勞。

晚上睡覺前，同樣再作十分鐘「柔」的運動，亦可消除一整天工作所累積的疲勞，去除體內累積的酸，減少疾病產生。

雙手按摩有益健康

坊間充滿了各式各樣的按摩器材，有塑膠、木造、電動或鐵製，大家還是喜歡用雙手按摩的方式，除了喜歡手指紮實有彈性的感覺，當我們「手」用力按壓時，手會放射「熱能」，這種能量中醫叫做「氣」。

中國大陸專門研究氣功的單位認為，其主要的放射能為遠紅外線，所以會讓被按摩的人覺得特別舒服和有效，不同於一般硬梆梆的按摩器材。倘若自覺本身沒什麼力氣，可在按摩前喝一、二口醇酒，如高粱、紅葡萄酒之類，定能如虎添翼。

穿耳洞影響穴位

世界上各個針灸組織，在耳朵上已發現將近一百個穴道和反應區，可對應治療全身的組織。假如您用穿耳洞的方式，將會破壞所對應穿透的器官與區域。

舉例來說，大多數人在「耳垂正中」穿耳洞，其所對應的器官正是「眼睛」，因此會使其視力慢慢變差，在此亦奉勸婦女朋友即使愛美，也別穿耳洞，不妨使用夾式耳環，既美觀又可刺激、平衡生病的部位，確保身體的健康。

穿耳洞影響穴位

耳洞即是耳穴的眼睛反射區。

雙手按摩有益健康

用「手」用力按壓時，手會放射「熱能」，這種能量中醫叫做「氣」。

天天補充第七營養素──「核酸」

人體六十兆個的細胞，每一刻不斷的死亡，也不斷的再生，但每一處器官的生命周期（更新速度），卻大不相同。例如女性卵子壽命約為十～二十四小時，男性精子約為三～十天，小腸黏膜細胞約為三～四天，白血球約為九天，子宮內膜約為二十八天，皮膚約為二十一天等等，其汰舊換新速度的快慢與否，及更新後的細胞健不健康，多半取是決於體內的核酸（DNA和RNA）充不充足。

如果身體每天攝取的核酸足夠，就可以很快的修補或更新身體受損的部位，複製品質優良的細胞，如此一來，會有細緻光滑皮膚，茂密光澤的頭髮，充沛穩定的體力，並且鮮少發生病痛（癌症、糖尿病、高血壓、心臟病、肝病、關節炎等。）因此，「核酸」繼蛋白質、脂肪、醣類、維生素、礦物質及纖維素六大營養素之後，成為人體攸關的「第七營養素」。

如何得到充足的核酸營養呢？

正常人每一天所需要的核酸的量，大約兩點四公克～三公克，而我們的肝臟只能合成大約一公克，其餘的核酸必須由食物中攝取。假如肝功能衰弱，就無法合成核酸，必須全部由食物中攝取。倘若疲勞、受傷或生病，更需要大量的核酸來修補組織。

食物中如鮭魚、河豚、啤酒酵母、魚卵、小乾白魚、柴魚片、小沙丁魚、虱目魚、蛤蜊、牡蠣、干貝、鮑魚、九孔、豆類、芝麻、堅果、海參、海蜇皮、香菇、海苔、豬肝等，核酸的含量較豐富，其中又以鮭魚的精巢、河豚的精巢與啤酒酵母含量最高。

然而，這些食物的膽固醇或脂肪含量都非常高，容易引起肥胖、高膽固醇及高血壓等毛病。因此，目前日本及美國等先進國家，已由食物中成功萃取到核酸營養，融合維生素與礦物質等，組成均衡的DNA營養錠劑銷售，對於現代人的營養照顧，非常實用。

C O P Y R I G H T

文經社

文經家庭文庫 C199

吳建勳教你不生病——仁醫妙手の小撇步

國家圖書館出版品預行編目資料

吳建勳教你不生病——仁醫妙手の小撇步
吳建勳 著. -- 第一版 -- 臺北市 ： 文經社,
2011. 10
面； 公分. --（文經家庭文庫 ； C199）
ISBN 978-957-663-651-6（平裝）
1. 家庭醫學 2. 保健常識
429 100019438

文經社網址 **http://www.cosmax.com.tw/**
或「博客來網路書店」查詢文經社。

更多新書資訊，請上文經社臉書粉絲團
http://www.facebook.com/cosmax.co

Printed in Taiwan

著 作 人：吳建勳
發 行 人：趙元美
社　　長：吳榮斌
企劃編輯：徐利宜
美術設計：劉玲珠
行銷企劃：劉欣怡
出 版 者：文經出版社有限公司
登 記 證：新聞局局版台業字第2424號

總社・編輯部
社　　址：104 台北市建國北路二段66號11樓之一
電　　話：（02）2517-6688
傳　　真：（02）2515-3368
E-mail：cosmax.pub@msa.hinet.net

業務部
地　　址：241 新北市三重區光復路一段61巷27號11樓A
電　　話：（02）2278-3158・2278-2563
傳　　真：（02）2278-3168
E-mail：cosmax27@ms76.hinet.net
郵撥帳號：05088806文經出版社有限公司

新加坡總代理：Novum Organum Publishing House Pte Ltd.
TEL: 65-6462-6141
馬來西亞總代理：Novum Organum Publishing House (M) Sdn. Bhd.
TEL: 603-9179-6333

印 刷 所：通南彩色印刷有限公司
法律顧問：鄭玉燦律師（02）2915-5229
定　　價：新台幣 280 元

發 行 日：2011年 10 月 第一版 第 1 刷
12 月 第 3 刷